Anna Otieno
Esther Kitur

Diatomáceas planctónicas como indicadores da qualidade da água

Anna Otieno
Esther Kitur

Diatomáceas planctónicas como indicadores da qualidade da água

ScienciaScripts

Imprint

Cover image: www.ingimage.com

This book is a translation from the original published under ISBN 978-620-2-31060-4.

Publisher:
Sciencia Scripts
is a trademark of
Dodo Books Indian Ocean Ltd. and OmniScriptum S.R.L publishing group

120 High Road, East Finchley, London, N2 9ED, United Kingdom
Str. Armeneasca 28/1, office 1, Chisinau MD-2012, Republic of Moldova, Europe
Printed at: see last page
ISBN: 978-620-8-34213-5

DEDICAÇÃO

Este estudo é dedicado aos meus queridos pais, Eliakim Otieno e Margaret Otieno, em reconhecimento do seu grande empenho e sacrifício em providenciar a minha educação desde a infância até aos dias de hoje.

RECONHECIMENTO

Antes de mais, quero agradecer a Deus Todo-Poderoso pela Sua graça e pelo caminho que me levou até aqui. Quero exprimir a minha gratidão a todos os que contribuíram para a conclusão bem sucedida deste estudo. Um agradecimento especial é devido à minha supervisora, a Dra. Esther Kitur, pela sua orientação, encorajamento e paciência. Estou também grata à Dra. Gladys Gathuru pelas suas sugestões construtivas e pelo seu encorajamento e também por me ter orientado ao longo deste estudo.

Um agradecimento especial à direção do Kenya Marine & Fisheries Research Institute (KMFRI), através do seu diretor Dr. George Ojwang', por me ter dado autorização para realizar este estudo. O KMFRI Kisumu disponibilizou espaço e aparelhos de laboratório para a recolha e análise de amostras. Uma menção especial vai para Mwanchi Otara e Jared Miruka pelo seu encorajamento e participação ativa na recolha de amostras e análises laboratoriais.

Seria injusto esquecer os meus colegas de turma e amigos Faith Kibet, Mercy Omollo, Lorna Otumba, Joseph Muli e Danis Ondara, para mencionar apenas alguns, pelo seu apoio e encorajamento ao longo do estudo.

Por último, gostaria de agradecer aos meus pais, irmãos e irmãs pela sua paciência, apoio e encorajamento e, acima de tudo, pelo seu amor durante a realização deste estudo.

ÍNDICE DE CONTEÚDO

ABREVIATURAS E ACRÓNIMOS

ANOVA	Analysis of Variance
APHA	American Public Health Association
CCA	Canonical Correspondence Analysis
Chl *a*	Chlorophyll *a*
DO	Dissolved oxygen
EC	Electrical conductivity
EDTA	Ethylene diamine tetra-acetic acid
EPA	Environmental Protection Agency
GFC	Fibre glass filter paper
KMFRI	Kenya Marine and Fisheries Research Institute
pH	Potenz hydrogen (Negative logarithm of H^+ in mol dm^{-3} in solution)
TN	Total nitrogen
TP	Total phosphorus
UV	Ultra violet

RESUMO

A informação sobre a qualidade da água é importante porque constitui uma base de referência vital para, entre outros, a deteção de alterações indesejáveis na qualidade da água. As diatomáceas são frequentemente utilizadas como bioindicadores da qualidade da água nos países europeus, no entanto, a utilização destas microalgas é limitada na maioria dos países africanos, embora sejam adequadas para a investigação quantitativa, uma vez que respondem fortemente às alterações ambientais. As propriedades físico-químicas e das diatomáceas foram investigadas ao longo do rio Kisat, que desagua no lago Vitória, durante um período de seis meses, entre março e agosto de 2014. O objetivo do estudo era determinar os níveis dos parâmetros físico-químicos e as propriedades das diatomáceas ao longo do rio Kisat. A amostragem foi feita durante o dia e analisada no prazo de quatro horas após a amostragem no Instituto de Investigação e Pescas Marinhas do Quénia. Os parâmetros medidos foram a temperatura, a condutividade eléctrica, o pH, o oxigénio dissolvido, o caudal, a turbidez medida no local e a alcalinidade, o azoto total, o fósforo total, os silicatos e a composição das diatomáceas medida em laboratório. A CE média ao longo do rio variou de 390,75÷18,40 µS cm^{-1} a 839,65÷33,01 µS cm^{-1} . A temperatura média variou de 24,63÷0,42^{0} C.a 25,07±0,78^{0} Cand pH, foi de 7,08±0,17 a 7,60±0,24. O OD médio variou de 3,42÷0,40 a 5,92÷0,75 mg l^{-1} . A turbidez média mais baixa registada foi de 32,37±y16 NTU enquanto a mais alta foi de 122,98÷18,97 NTU. O caudal variou de 0,00 ms^{-1} a 0,37÷0,08 ms^{-1} .· A alcalinidade total média variou del07$_{i}$ 23±2037 mgj^{-1} a99$_{i}$ 67±28,93 mg l^{-1} ao longo do rio. O TN médio variou de 400,77÷124,50 µg l^{-r} a 8o7,88÷363,96 µg l. A concentração de TP variou de 342,17÷112,49 µg l^{-1} a 1227,38÷424,29 µg l^{-1} . As concentrações de silicatos e de clorofila *a* foram de 3,8÷0,37 mg l^{-1} a 4,46÷1,02 mg l^{-1} e de 95,82÷21,15 mg l^{-1} a 213,14±74,30 mg l^{-1} , respetivamente. O estudo revelou que apenas quatro parâmetros, incluindo o OD, o pH, a alcalinidade e o silicato, apresentaram diferenças significativas ao longo do rio ($P<0,05$). Foi identificado um total de 22 taxa pertencentes a 10 géneros em todos os cinco locais de amostragem ao longo do rio. O género *Nitzschia* apresentou o maior número de taxa (4), enquanto *gomphonema* e *Stephomodiscus* foram representados por um taxa cada. Os índices de diversidade de espécies (riqueza, diversidade, regularidade) foram geralmente baixos e não apresentaram diferenças significativas ao longo do rio ($P>0,05$). Foram também encontradas correlações fracas, inferiores a 0,5, entre estes índices e os parâmetros físico-químicos. A análise de correspondência canónica foi utilizada para determinar as correlações entre as espécies individuais de diatomáceas e os parâmetros físico-químicos e revelou correlações entre todas as espécies identificadas e os parâmetros. O estudo mostrou que cinco parâmetros (condutividade, alcalinidade, silicatos, TN e TP) foram as variáveis ambientais mais importantes que influenciaram a composição das espécies. Conclui-se que as assembleias de diatomáceas são influenciadas por alterações na qualidade da água e podem ser utilizadas com êxito como bioindicadores.

CAPÍTULO 1

INTRODUÇÃO

1.1 Antecedentes do estudo

A água dos rios representa apenas cerca de 0,2 % de toda a água doce na Terra (Steffen *et al.*, 2007), no entanto, desempenha um papel muito importante. Os rios são uma das principais fontes de água para uso doméstico e industrial em todas as partes do mundo (WRI, 2007). Os rios têm sido utilizados como fonte de alimento (CBD, 2005), pois fornecem uma fonte rica de peixe e de outra vida aquática comestível, bem como de água potável. Os rios de caudal rápido e as quedas de água são amplamente utilizados como fontes de energia através de moinhos de água e centrais hidroeléctricas (MA, 2005). Os rios são também fundamentais para a agricultura, uma vez que a água é utilizada para irrigar os campos e fornecer água ao gado através da construção de barragens ou da canalização direta da água para as terras de cultivo, como é o caso do rio Nilo, que tem sido utilizado para o cultivo de uma variedade de culturas desde há muitos anos. Desempenham um papel importante como sumidouros de resíduos da agricultura e da indústria, devido ao seu caudal e à sua natureza ecológica que lhes permite regenerarem-se e admitirem quantidades surpreendentes de afluentes (Mason, 2002). MacKay *et al.* (2010) referiram que os rios actuam como locais de reprodução e desova de muitos organismos aquáticos.

O fitoplâncton são plantas microscópicas que flutuam livremente e constituem o componente básico da cadeia alimentar aquática (Matina *et al.*, 2012). Actuam como produtores primários e representam uma fonte direta de alimento para outros organismos aquáticos. A qualidade da água, através dos parâmetros físicos e químicos, afecta a produção das espécies e o seu conjunto (composição, distribuição, diversidade, riqueza e abundância) é também estruturado por estes parâmetros (Dawes, 2005). De acordo com Presley *et al.*, (2001) as taxas de reprodução do fitoplâncton estão intimamente ligadas à temperatura, sendo que a taxa máxima de divisão celular duplica por cada aumento de 10^0 C na temperatura.

As diatomáceas são membros do maior grupo de fitoplâncton. São também fortes concorrentes e contribuem significativamente para a produção primária total (Smol, 2008). Ao contrário da maioria dos outros fitoplânctons, as diatomáceas utilizam o ácido silícico (silicato) do silício para construir as suas paredes celulares e são controladas pela disponibilidade e distribuição dos nutrientes nas massas de água. Assim, sem silicato, as células das diatomáceas não se podem dividir e a sua capacidade de realizar processos de produção de energia, como a fotossíntese, diminui. Além disso, a síntese de ADN, proteínas e clorofila pára (Lavoie, 2010).

Cowx e Collares (2002) e Dudgeon *et al.*, (2005) observaram que os ecossistemas do planeta têm sofrido intensos impactos humanos ao longo do último século, não sendo os rios uma exceção. O aumento da intensidade da agricultura e da desflorestação (Bellinger *et al.*, 2006), juntamente com o rápido crescimento dos centros urbanos e das actividades industriais (Ndiritu *et al.*, 2006; Beyene *et al.*, 2009) representam uma ameaça potencial para os rios. Lung'aiya (2000) atribui ainda que o problema é agravado pelo facto de a maior parte das indústrias e das instalações de esgotos com mau funcionamento descarregarem diretamente nos rios, que funcionam como condutas para a descarga dos resíduos nos lagos. Além disso, verificou-se que a desflorestação e o cultivo provocam um aumento da temperatura da água, da condutividade, do total de sólidos suspensos e dissolvidos e da turbidez (Kibichii *et al.*, 2007). Verificou-se que o uso excessivo de animais nas áreas ribeirinhas aumenta a amónia e o nitrito como consequência do aumento do escoamento de resíduos animais para os rios (Kibichii *et al.*, 2007). Isto levou consequentemente à sedimentação e à eutrofização que afectaram o abastecimento doméstico e industrial de água (Ntiba, *et al.*, 2001).

As diatomáceas ocorrem em quase todos os ambientes aquáticos e são abundantes na maioria deles. Estas espécies são muito sensíveis às alterações da qualidade da água e muitos taxa têm óptimos e tolerâncias bem desenvolvidos, ou seja, apresentam uma vasta gama de sensibilidade à poluição da água, mesmo em casos de poluição moderada (Smol, 2008). Devido aos seus ciclos celulares curtos, as diatomáceas são capazes de colonizar rapidamente novos habitats, o que leva a alterações na sua comunidade que, por sua vez, representa uma resposta rápida às alterações ambientais. O tempo de resposta das diatomáceas é um intermediário útil entre a amostragem físico-química imediata e infrequente, em que as mudanças rápidas podem resultar em flutuações ecológicas significativas que não são registadas, e a monitorização de organismos superiores, como insectos e peixes, que podem ter tolerância a tensões de curta duração ou um comportamento eficaz de evasão

(Round *et al.*, 2000). Ao contrário destes organismos superiores, as diatomáceas são limitadas na sua capacidade de se deslocarem entre habitats e, por isso, ou se dão bem no ambiente específico em que se encontram ou não se dão, pelo que muitas espécies de diatomáceas são mais susceptíveis de serem encontradas em habitats com parâmetros físicos e químicos muito específicos (de la Ray, 2004)

1.2 Declaração do problema/justificação

A água é um recurso muito importante sem o qual a vida é impossível, no entanto as actividades humanas levaram à poluição dos recursos hídricos. O rio Kisat, escolhido para este estudo, é um rio urbano que deságua no lago Vitória, que serve uma grande população, uma vez que é partilhado por três países, pelo que a necessidade de monitorizar a água antes de chegar ao lago é vital. O rio atravessa muitos tipos de terrenos, o que o expôs a vários impactos antropogénicos. A destruição da bacia hidrográfica através de efluentes industriais e municipais, bem como as actividades agrícolas e os resíduos sólidos dos aglomerados populacionais informais contribuem para a introdução de poluentes direta ou indiretamente no rio.

Apesar dos estudos realizados no passado sobre a qualidade da água do rio, estas investigações centraram-se principalmente nas caraterísticas físicas e químicas do rio e muito pouco se sabe sobre as comunidades biológicas, especialmente sobre a utilização de diatomáceas como bioindicadores no rio, embora a monitorização biológica seja considerada um método mais barato, mais fácil e mais fiável de monitorização da qualidade da água. A utilização de organismos biológicos na monitorização dos ecossistemas aquáticos tem várias vantagens. As diatomáceas estão a ser cada vez mais defendidas como indicadores biológicos porque respondem fortemente às alterações ambientais e ocorrem numa vasta gama de ambientes aquáticos. As diatomáceas integram as respostas a uma série de poluentes que ocorrem nas massas de água em diferentes escalas temporais e podem ser utilizadas para comparar alterações relativas na qualidade da água de um local para outro.

1.3 Questões de investigação

As questões de investigação que a investigação procurou responder foram as seguintes

1. Como se comparam os parâmetros físico-químicos nas estações ao longo do rio Kisat?
2. Qual é o conjunto de diatomáceas (composição, diversidade, riqueza, regularidade) ao longo do rio?
3. Qual é a relação entre a variação das propriedades físico-químicas e o conjunto de diatomáceas ao longo do rio?

1.4 Hipótese

1. A composição, diversidade, riqueza e regularidade das diatomáceas são significativamente diferentes ao longo do rio.
2. O conjunto de diatomáceas é significativamente afetado pelos parâmetros físico-químicos.

1.5 Finalidade e objectivos

O objetivo do estudo foi determinar os níveis e a variação das propriedades físico-químicas e das diatomáceas ao longo do rio Kisat. Os objectivos específicos foram:

1. Determinar os parâmetros físico-químicos da água ao longo do rio Kisat.
2. Determinar as propriedades das diatomáceas (composição, diversidade, riqueza, regularidade) ao longo do rio Kisat.
3. Determinar os principais parâmetros físico-químicos que mais influenciam as assembleias e diversidades de diatomáceas.

1.6 Importância do estudo

Os resultados do estudo fornecem informações sobre o estado do rio, a informação é importante, uma vez que pode ser usada por outros académicos que fazem estudos semelhantes como revisão da literatura. Os resultados também contribuirão para uma melhor compreensão dos efeitos da poluição e, mais importante, da eutrofização. Além disso, sendo que as diatomáceas são raramente utilizadas para avaliar a qualidade da maioria das massas de água no país, este estudo ajudará a criar consciência sobre a utilidade das diatomáceas como preditores das condições ambientais e da integridade do ecossistema para as massas de água. Por último, os resultados do estudo ajudarão os gestores das águas fluviais a acrescentar aos seus dados as condições de base do rio, facilitando assim aos gestores a inferência do momento e da origem dos problemas de qualidade da água e o desenvolvimento de estratégias e objectivos de atenuação fiáveis.

1.7 Âmbito/limitações/pressupostos do estudo

O estudo considerou apenas o rio Kisat devido a restrições logísticas. Também devido a limitações de tempo, o estudo foi efectuado num período de seis meses e por isso não teve em conta vários efeitos a longo prazo durante a amostragem. O estudo também assumiu que o rio representava outros rios que drenam para a baía e que a baía representava outras baías do Lago Vitória.

CAPÍTULO 2

REVISÃO DA LITRAGEM

2.1 Introdução

Este capítulo analisa o estado dos rios em todo o mundo e no Quénia. O capítulo também discute as várias formas de monitorizar a qualidade da água nos sistemas fluviais, a utilização de índices biológicos na monitorização da qualidade da água, bem como a sua lógica de utilização como métodos de monitorização da água. Finalmente, apresenta a aplicação das diatomáceas na monitorização da água dos rios e a sua relação com os parâmetros físico-químicos e de nutrientes.

2.2 Estado global dos rios

Os rios e ribeiros são ecossistemas de água doce que fornecem água para beber, saneamento, agricultura, transportes, produção de eletricidade e lazer. Proporcionam uma regulação valiosa, mas muitas vezes não contabilizada, de cheias, secas, nutrientes e sedimentos (CBD, 2005). São também o habitat de uma fauna e flora diversificadas, que constituem uma importante fonte de alimentos e fibras que sustentam os rendimentos e os meios de subsistência, nomeadamente das comunidades rurais dos países em desenvolvimento (MA, 2005). As ameaças a estes ecossistemas são, no entanto, imensas. Mais de 20% das 10 000 espécies de água doce do mundo foram extintas, ameaçadas ou em perigo de extinção nas últimas décadas. As alterações físicas, a perda e degradação do habitat, a extração de água, a sobre-exploração, a poluição e a introdução de espécies invasoras ameaçam a vida destes ecossistemas e dos recursos biológicos que lhes estão associados (Devi *et al.*, 2006).

Vários rios e riachos fluem através de áreas urbanizadas em todo o mundo e são profundamente afectados pelas mudanças associadas à urbanização (Bernhardt e Palmer, 2007). Esses rios urbanos, que ocorrem frequentemente em pontos baixos da paisagem, são particularmente sensíveis e propensos à poluição causada pelo desenvolvimento urbano e outras actividades antropogénicas que resultam no aumento da carga poluente através do escoamento superficial (Bernhardt e Palmer, 2007). O crescimento económico contínuo, a urbanização e a elevada taxa de crescimento da população são alguns dos factores que contribuem para o rápido aumento do volume e da variedade dos resíduos industriais e domésticos produzidos em muitos centros urbanos em expansão, especialmente nos países em desenvolvimento (Fakayode, 2005).

Estudos anteriores mostraram que não são apenas os pequenos rios que enfrentam ameaças, mas também as grandes bacias hidrográficas. Um exemplo é o rio Ganges, que é o segundo maior do continente asiático em termos de caudal. A bacia do Ganges é a bacia hidrográfica mais povoada do mundo, com mais de 400 milhões de pessoas e uma densidade populacional de cerca de 1.000 habitantes por milha quadrada. As águas residuais de muitas cidades ao longo do curso do rio, os resíduos industriais e as oferendas religiosas embrulhadas em plásticos não degradáveis acrescentam grandes quantidades de poluentes ao rio à medida que este atravessa zonas densamente povoadas. O problema é agravado pelo facto de muitas pessoas mais pobres dependerem do rio diariamente para tomar banho, lavar-se e cozinhar. Outro rio é o Yangtze, no Mar da China Oriental, cuja bacia hidrográfica cobre um quinto do território da China (PRC, 2004). Os principais poluentes do rio Yangtze são as substâncias em suspensão, os compostos orgânicos e inorgânicos oxidantes e o azoto amoniacal (Pu, 2003). Este facto reduziu gravemente a qualidade da água potável e contribuiu para uma eutrofização dramática (WWF, 2005).

Em África, o rio Nilo, na bacia do lago Vitória, que é o mais longo do mundo, não está apenas ameaçado pela poluição, mas também pelas temperaturas mais elevadas que têm consequências potencialmente devastadoras para a produtividade da pesca e o abastecimento de água (WWF, 2004). Devido à falta de infra-estruturas suficientes, especialmente na maioria dos países em desenvolvimento, para tratar esses resíduos, a maior parte dos resíduos gerados é frequentemente deixada a céu aberto e acaba por chegar aos sistemas aquáticos (UN Habitat, 2008). Estima-se que entre um terço e metade dos resíduos sólidos gerados na maioria das cidades do Quénia acabam normalmente em lixeiras ilegais nas ruas e espaços abertos, poluindo assim as massas de água próximas (UNEP, 2002; UN-Habitat, 2008).

A capacidade inadequada de recolha de resíduos domésticos na maior parte do país foi, no entanto, atribuída ao financiamento insuficiente, à elevada taxa de crescimento da população e à rápida urbanização sem uma expansão correspondente das infra-estruturas críticas e das instalações de saneamento (Ikiara *et al.,* 2004). Enquanto no passado se pensava que o ambiente tinha uma capacidade infinita para degradar naturalmente os resíduos sem quaisquer efeitos nocivos, mais recentemente, no entanto, o efeito da deficiente eliminação de resíduos tornou muitos sistemas aquáticos menos adequados para utilização primária e, nalguns casos, secundária (Fakayode, 2005).

Praticamente todos os centros urbanos do Quénia, não sendo a cidade de Kisumu uma exceção, enfrentam problemas de gestão de resíduos sólidos, uma vez que registaram um rápido crescimento populacional caracterizado por um planeamento urbano deficiente, um número crescente de povoações informais, comodidades limitadas e saneamento deficiente (KNBS, 2007). O carregamento excessivo de resíduos domésticos nos rios, como o rio Kisat, que desagua no lago Vitória e está localizado na cidade de Kisumu, pode alterar as caraterísticas físicas, químicas e biológicas do sistema aquático para além da sua capacidade natural de auto-purificação. Níveis mais elevados de turbidez, nutrientes, sólidos suspensos e dissolvidos, bem como bactérias coliformes nos rios, são todos indicativos de sistemas comprometidos atribuídos ao aumento da carga poluente, resultante em grande parte de actividades antropogénicas (Adams e Papa, 2000). Estas alterações na qualidade da água podem alterar a estrutura da comunidade de macroinvertebrados bentónicos e outros biota aquáticos (Boyle e Fraleigh, 2003).

2.3 Métodos de avaliação da qualidade da água dos sistemas fluviais

Os ecossistemas lóticos estão entre os ecossistemas biológicos mais importantes da Terra (Dudgeon *et al.,* 2006). No entanto, estes são os recursos mais ameaçados atualmente no mundo, devido às actividades antropogénicas irresponsáveis e ao aumento desenfreado das populações humanas. É, portanto, uma grande prioridade conservar os rios e cursos de água e gerir os que já estão ameaçados de degradação para garantir a sua preservação e integridade ecológica, a semelhança e a diversidade de uma comunidade biótica (Palmer *et al.,* 2004).

A abordagem multimétrica, que tem em conta várias métricas, tais como as métricas estruturais, funcionais e de composição dos conjuntos de biota, é útil na avaliação da qualidade da água. Também é útil o Índice de

Integridade Biótica (IBI) (Karr *et al.*, 2003). O River Invertebrate Prediction and the Classification System (RIVPACS) também pode ser utilizado para avaliar a qualidade da água (Wright *et al.*, 2003). Outro exemplo é a abordagem multivariada, que consiste em selecionar uma medida de relação matemática entre amostras (por exemplo, a semelhança na estrutura de duas comunidades) para duas ou mais variáveis (por exemplo, a presença-ausência qualitativa de espécies ou a abundância quantitativa ou biomassa de espécies). Conceptualmente, esta técnica é boa porque depende da dimensão da amostra, é ecologicamente correta, fácil de compreender, interpretar e aplicar pelos gestores de águas aquáticas (Johnson, 2001). Embora a abordagem multivariada tenha uma precisão mais elevada do que a abordagem micrométrica, é um método mais difícil de compreender, interpretar e aplicar pelos gestores dos recursos aquáticos e, por conseguinte, é menos preferido.

2.3.1 Abordagens físico-químicas

O estado da qualidade da água é afetado por muitos parâmetros físico-químicos e biológicos que são introduzidos naturalmente ou por actividades humanas (antropogénicas) nos sistemas fluviais. No entanto, os índices bentónicos são os mais adequados, uma vez que eliminam grande parte da subjetividade associada à interpretação dos dados. Têm igualmente em conta as diferenças de habitat. Estes índices fornecem meios simples para comunicar informações complexas aos gestores, acompanhar as tendências ao longo do tempo e correlacionar as respostas bentónicas com o stress (Ranasinghe, 2003).

Esta abordagem baseia-se na medição qualitativa de parâmetros derivados dos componentes abióticos do meio lótico. Os parâmetros medidos vão desde o oxigénio, a temperatura, o pH, a condutividade eléctrica, a salinidade, a transparência, a carência biológica de oxigénio (CBO) e os nutrientes minerais, desde os nitratos, os fosfatos e os sulfatos (APHA, 1998). As avaliações físico-químicas baseiam-se na comparação das medições efectuadas com os critérios de qualidade da água ou com as normas derivadas desses critérios. Estes baseiam-se em normas nacionais estabelecidas para a água, esgotos e outras descargas de efluentes, normalmente estabelecidas pelo Ministério responsável pelo ambiente (Norris e Norris, 2005).

As técnicas físico-químicas têm o mérito de serem precisas, discriminatórias e quantitativas, pelo que são importantes para determinar o tipo de poluentes químicos presentes num rio e as suas concentrações (Tebbut,

1992). No entanto, a técnica de abordagem físico-química para avaliar a qualidade da água em todas as massas de água do mundo é bastante dispendiosa. Isto deve-se ao facto de serem necessárias amostras de água para obter uma avaliação sanitária com padrões de confiança aceitáveis (Woodiwiss, 2004). Além disso, o conhecimento da monitorização química e do tipo de poluentes susceptíveis de estarem presentes na água dos rios pode ser utilizado como um pré-requisito para uma avaliação eficaz (APHA, 1998). A complexidade crescente das descargas agro-químicas, bem como das descargas domésticas, pode revelar-se muito difícil de avaliar completamente a qualidade da água destes rios. Quando as descargas químicas são irregulares por natureza, tornam-se difíceis de monitorizar ou detetar (Hart *et al.*, 2007). As medições físico-químicas, por si só, não podem ser utilizadas para avaliar eficazmente a qualidade da água dos cursos de água, uma vez que o seu estado se altera com demasiada frequência e a sua influência ecológica é demasiado complexa para ser compreendida (Tebbut, 2009).

2.3.2 Utilização de índices bióticos na monitorização da qualidade da água

A monitorização da qualidade da água consiste na recolha de amostras das condições da água, incluindo sedimentos, parâmetros físico-químicos, tecidos de peixes, macro-invertebrados e plantas microscópicas, a fim de determinar o nível de poluição dos sistemas hídricos lóticos e lênticos. Monitorizamos para caraterizar a água e identificar as mudanças nas tendências da qualidade da água ao longo do tempo; identificar problemas específicos de qualidade da água existentes ou emergentes; recolher informações para conceber programas específicos de prevenção da poluição ou de remediação; determinar se os programas e os objectivos, por exemplo, o cumprimento da implementação da população, foram cumpridos; e responder a emergências, por exemplo, inundações repentinas e derrames. Assim, a monitorização da água é uma ferramenta fundamental na gestão dos recursos de qualidade da água (Karr et *al.*, 2003).

O princípio da monitorização biológica como instrumento é o de que a incidência e a intensidade dos factores de stress ambiental se baseiam no grau em que a associação de organismos escolhidos se desvia da diversidade natural esperada (Hynes, 2000). Esta abordagem ajuda a detetar alterações ecológicas que são indicativas da qualidade da água, embora não especifique as causas da alteração, tornando a abordagem físico-química uma técnica mais viável. Este método é frequentemente aplicado porque é mais barato em termos de custos e porque as amostras de rio são fáceis de recolher e analisar para inferências sobre o estado de saúde (Nixon *et al.*, 2006).

2.3.3 A lógica dos programas de monitorização biológica

O objetivo do desenvolvimento de programas de monitorização biológica é permitir que os investigadores possam avaliar a qualidade da água dos sistemas lóticos e lênticos. Trata-se de uma abordagem útil porque utiliza o biota aquático para avaliar as qualidades complexas da água dos rios. As comunidades bióticas globais são geralmente afectadas pela presença múltipla de produtos químicos e factores físicos que influenciam as condições do biota aquático, reflectindo as condições totais dos ecossistemas fluviais. Esta abordagem, designada por bioensaio, utiliza o biota como parâmetro para representar as condições ambientais gerais e avaliar as qualidades ambientais.

Os conjuntos bióticos aquáticos incluem os macro-invertebrados, os fitoplânctons, os zooplânctons, os macro-invertebrados fito-bentónicos e as comunidades de peixes (Depauw e Vanhooren, 2000). Os indicadores ecológicos são utilizados com base na diversidade biológica para retratar as estruturas das espécies e das comunidades e, por conseguinte, a qualidade da água, a hidrologia e a saúde geral de um curso de água. Os indicadores são utilizados para monitorizar os níveis de toxinas e o conteúdo químico, ou seja, os parâmetros físicos e químicos e a natureza geral do recurso hídrico (Nixon *et al.,* 2006). A monitorização biológica é um protocolo concebido para monitorizar a qualidade das águas superficiais e subterrâneas.

2.4 Importância das diatomáceas como indicadores da qualidade da água

As algas desempenham um papel ecológico importante em todos os ambientes aquáticos. Reconhecidas como películas ou filamentos nos rios e ao longo das margens dos lagos, servem de ligação entre o ambiente físico-químico e o biota. Devido a esta dependência direta da água, as algas são particularmente sensíveis às alterações da qualidade da água e a composição da comunidade de algas altera-se em resposta às alterações da qualidade da água. A sensibilidade das algas às alterações da qualidade da água é fundamental para a sua utilização como indicadores das condições físico-químicas nos ecossistemas aquáticos. Quando ocorre uma contaminação, as algas são dos primeiros organismos biológicos a reagir. Este facto deve-se ao seu curto tempo de vida, que é em média de 6 a 8 semanas.

Além disso, as algas são geralmente imóveis e incapazes de se afastarem da contaminação. As espécies que não conseguem tolerar as alterações da qualidade da água serão substituídas por espécies mais bem adaptadas às novas condições de qualidade da água, resultando numa alteração da composição da comunidade de algas. Consequentemente, a composição de uma comunidade de diatomáceas é um reflexo das condições de qualidade da água durante os 1 a 2 meses anteriores (Taylor, 2004; Walsh e Wepener, 2009).

As diatomáceas são organismos unicelulares e eucarióticos que, até há pouco tempo, eram essencialmente o único tipo de indicadores algais utilizados em estudos limnológicos (Smol, 2008). Estão representadas por mais de 100 000 espécies em todo o mundo e podem ser reconhecidas nos rios e nas zonas costeiras dos lagos como o revestimento castanho e escorregadio em substratos submersos como a areia ou as rochas. Existem várias vantagens na utilização de diatomáceas como indicadores biológicos, em comparação com outros grupos de algas. As diatomáceas têm paredes celulares (frústulas) com forma e caraterísticas morfológicas específicas para cada espécie, o que as torna facilmente identificáveis ao microscópio. A sua taxonomia é bem conhecida e está bem descrita, assim como os valores ótimos e as tolerâncias ambientais das diferentes espécies. Como as suas paredes celulares são feitas de sílica, que resiste à decomposição, podem ser facilmente amostradas e preservadas, proporcionando assim um registo permanente que permite avaliar alterações a curto ou longo prazo (Cox, 1991). Além disso, as condições históricas da qualidade da água podem ser estimadas utilizando frústulas de diatomáceas preservadas em sedimentos do fundo de lagos e de zonas estáveis de ribeiros e rios (Lavoie e Campeau, 2010).

As diatomáceas são ecologicamente diversas e estão amplamente distribuídas tanto em águas doces como em águas salgadas. Algumas das espécies são muito tolerantes e têm uma ampla valência ecológica, mas algumas espécies têm ótimos e tolerâncias distintos e estreitos para muitas variáveis ambientais, o que as torna excecionalmente úteis para quantificar as caraterísticas ambientais com um elevado grau de certeza (Dixit *et al.*, 2002). As diatomáceas têm sido frequentemente utilizadas para monitorizar a eutrofização e a poluição orgânica em sistemas europeus e foram desenvolvidos vários índices para avaliar a qualidade da água (Rott, 2003). Algumas das espécies tolerantes à poluição extrema são *Navicula atomas, Nitzschia palea,*

Gomphonema parvulum, Navicula cryptocephala e *Navicula minima* enquanto as espécies sensíveis à poluição extrema são *Achnanthes biasolettina, V. subatomus, Cocconesplacentula* e *Gomphonema minutum* (Juttner *et al.*, 2006).

2.5 Relações das diatomáceas com a química da água dos rios

A estrutura das comunidades de algas é fortemente influenciada pela química da água. O crescimento das algas e a composição taxonómica respondem de forma previsível e sensível ao enriquecimento em nutrientes, à contaminação orgânica, às alterações do pH ou da condutividade, bem como ao aumento dos sedimentos em suspensão, dos pesticidas e de muitos outros contaminantes. Muitos estudos reconheceram a forte ligação entre a disponibilidade de nutrientes e a estrutura da comunidade de diatomáceas, e atribuíram uma grande percentagem da variação da comunidade diretamente aos nutrientes presentes (Dodds *et al.*, 2002; Hill, 2003; Blanco e Becares, 2010; Torrisi *et al.*, 2010). Outros encontraram fortes correlações entre o pH, o oxigénio dissolvido, a alcalinidade, a condutividade e as condições do substrato e a estrutura da comunidade de diatomáceas (Blinn e Herbst, 2003).

Um estudo realizado no sul do Quebeque e no leste de Ontário identificou que a condutividade eléctrica era a variável de qualidade da água mais influente com impacto nas comunidades de diatomáceas (Zugic-Drakulic, 2006). Altas concentrações de metais pesados também podem afetar a comunidade de diatomáceas, causando deformações nos frústulos e perda de diversidade (Walsh e Wepener, 2009; Duong *et al.*, 2010). A amostragem química da água fornece informações sobre a concentração de parâmetros químicos no momento em que a amostra foi recolhida; os resultados não indicam necessariamente as condições nos dias ou mesmo minutos antes da amostragem. Consequentemente, os programas de monitorização química de rotina podem não detetar alterações de curto prazo na qualidade da água, como o escoamento de tempestades ou derrames ambientais, enquanto as comunidades biológicas respondem continuamente a alterações na qualidade da água. Alterações súbitas na qualidade da água, como o escoamento de tempestades, juntamente com alterações mais graduais ou a longo prazo, resultam em mudanças na composição da comunidade de diatomáceas. O resultado é uma comunidade cuja composição reflecte as condições de qualidade da água a que esteve exposta nos 1 a 2 meses anteriores (Taylor, 2004; Lavoie *et al.*, 2008; Walsh e Wepener, 2009).

2.6 Enriquecimento de nutrientes

Um indicador bem reconhecido da deterioração da qualidade da água é a eutrofização, que, conforme definido por (Smol, 2008), é o enriquecimento de nutrientes dos ecossistemas aquáticos. A eutrofização da água está frequentemente associada a um aumento da produtividade, a uma simplificação excessiva das comunidades bióticas e a uma consequente diminuição do metabolismo das espécies que vivem no fundo e que são incapazes de fazer face ao aumento associado da carga de nutrientes (Wetzel, 2001). Várias massas de água têm sido susceptíveis de receberem nutrientes adicionais devido à má gestão das bacias hidrográficas, à exploração florestal e ao mau funcionamento dos sistemas sépticos (Smol, 2008; Khan e Ansari, 2005).

A eutrofização pode levar a mudanças na estrutura da comunidade, a impactos devastadores na cadeia alimentar e a alterações nos ciclos bioquímicos, conforme descrito por (Khan e Ansari 2005; Smol, 2008). A alteração dos rácios de nutrientes, como o azoto (N): fósforo (P), pode levar a uma mudança na produção primária das massas de água, passando das diatomáceas e de outros grupos de algas microscópicas para melhores concorrentes em ambientes com baixo teor de N, como as cianobactérias (Hall e Smol, 1999). Além disso, o enriquecimento dos recursos hídricos em nutrientes pode provocar um aumento da decomposição de plantas e algas e a consequente diminuição dos níveis de oxigénio nas águas profundas (Khan e Ansari, 2005). Assim, toda a estrutura da teia alimentar aquática, incluindo as espécies de níveis tróficos superiores, como os peixes, pode ser afetada pelo aumento da carga de nutrientes (Hall e Smol, 1999). A quantidade excessiva de nutrientes nas águas pode perturbar um ecossistema através da morte maciça de peixes, da diminuição da biodiversidade, da toxicidade, do aumento da suscetibilidade a invasões de espécies e de várias outras consequências biológicas, sociais e económicas (Khan e Ansari, 2005).

O desenvolvimento industrial crescente leva ao aumento da população humana e ao consequente aumento das zonas urbanas. As modificações da paisagem, a introdução de estrume e de esgotos, a utilização de fertilizantes e o escoamento agrícola podem aumentar os níveis de nutrientes nas massas de água (Schindler e Donahue, 2006). A concentração de nutrientes como o azoto e o fósforo aumentou nos lagos de água doce, rios e ribeiros devido a perturbações antropogénicas nas bacias hidrográficas (Reavie *et al.*, 2002; Khan e Ansari 2005). Como tal, as concentrações amplificadas de fósforo total podem exceder as de azoto (Schindler e Donahue, 2006), o que conduziria a rácios N: P mais baixos e a florescências de cianobactérias que poderiam modificar as fontes de azoto dissolvido nas águas doces.

CAPÍTULO 3

MATERIAIS E MÉTODOS

3.1 Introdução

Este capítulo incide sobre a localização, o relevo, a drenagem, as actividades económicas e a população da área de estudo; os procedimentos de recolha de amostras, o armazenamento e os materiais utilizados e a análise das amostras de água e dos dados.

3.2 Área de estudo

O estudo foi efectuado no rio Kisat, no condado de Kisumu.

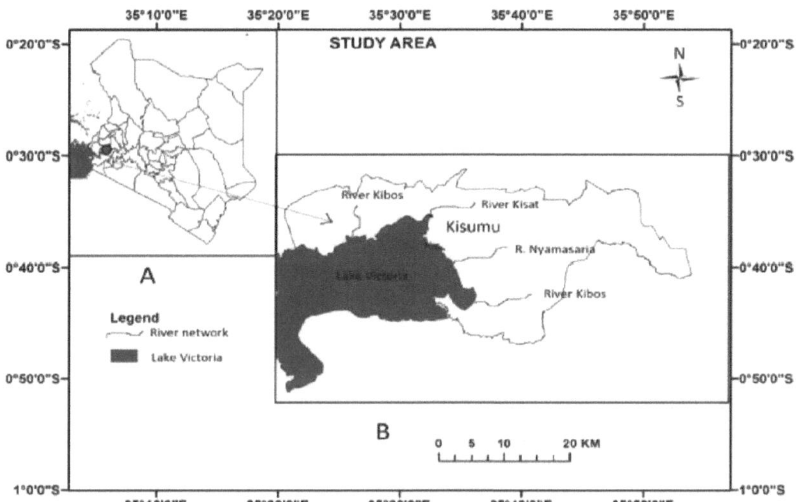

Fig 3.1: Mapa do Quénia (A) mostra o condado de Kisumu (B) com o rio Kisat, que deságua no Lago Vitória, a área de estudo

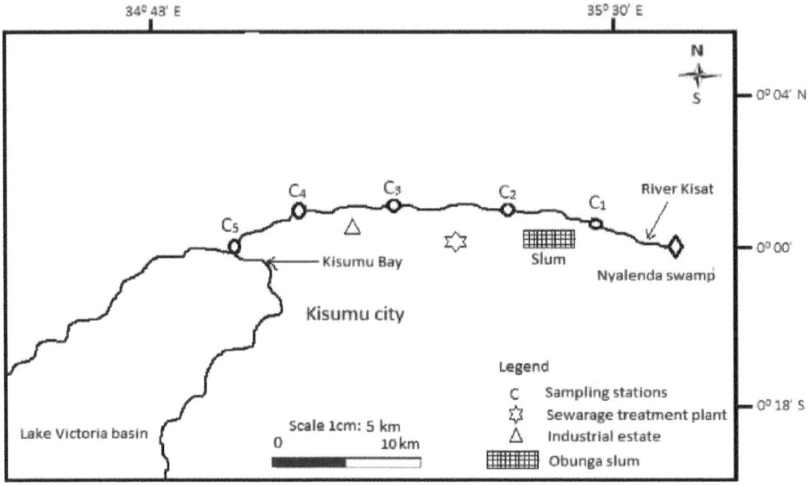

Fig. 3.2: Rio Kisat mostrando os locais de amostragem (Cl a C5) e drena para a Baía de Kisumu, no Lago Vitória, Quénia.

3.2.1 Localização

A baía de Kisumu está situada a cerca de 100 m da autoestrada Kisumu-Busia e a 50 m do aeroporto de Kisumu, com coordenadas geográficas entre as latitudes 0^0 18' S e 0^0 04' N e as longitudes 34^0 43' E e 35^0 30' E. Está rodeada por várias cidades, entre as quais a cidade de Kisumu, Homabay, Oyugis, Mbita, Bondo e Usenge. É também um centro de muitas indústrias, incluindo a indústria têxtil, a fábrica de melaço Otonglo, a indústria de papel Webuye e as indústrias de conservas.

O rio Kisat tem 9 km de comprimento e a sua nascente é um pequeno pântano nos subúrbios orientais da cidade de Kisumu. A drenagem e o subsequente cultivo da terra aceleraram a secagem do outrora vasto pântano, deixando o rio a escorrer. Nas proximidades, existem campos de pastagem para gado, principalmente bovino, e pequenas explorações agrícolas. Todas estas actividades modificaram a maior parte da área que é

também estão a ser convertidos para uso residencial. O curso médio do Kisat passa por uma área com pequenas quintas onde o cultivo é feito até às margens do rio.

À medida que corre, atravessa o bairro de lata de Obunga, densamente povoado, que não dispõe de instalações sanitárias e onde, em vários pontos, entram no rio fluxos de esgotos e resíduos provenientes de destilarias improvisadas de cerveja local (chang'aa), um whisky ilícito. Depois do bairro de lata, o rio atravessa a zona industrial de Kisumu, onde as fábricas não dispõem de instalações de tratamento de efluentes e estão ligadas ao sistema de drenagem de esgotos ou descarregam os seus efluentes diretamente no rio. A estação municipal de tratamento de águas residuais da cidade de Kisumu está localizada na parte inferior do rio. No entanto, a estação de tratamento não funciona há vários anos e as águas residuais não tratadas são descarregadas no rio. Um campo de golfe está situado imediatamente antes da foz do rio, na baía de Kisumu. O rio é muito sobrecarregado por múltiplas descargas de águas residuais e efluentes químicos, desde a nascente até à foz.

3.2.2 Clima, solo e relevo da zona de estudo

A precipitação média anual em Kisumu é de 129 mm, distribuída ao longo do ano, com chuvas longas entre abril e maio e chuvas curtas entre outubro e novembro. A temperatura máxima mensal do ar varia entre 27,5° C-31.O^0 C enquanto a mínima varia entre 16,0° C-18.O^0 C (Bartsch, 2000). Os ventos são maioritariamente de sudoeste e ocorrem sobretudo durante a tarde. A formação de lava é atribuída às actividades tectomagnéticas associadas ao sistema do Vale do Kano-Rift, pelo que os solos associados ao rio são de natureza vulcânica.

3.2.3 Actividades económicas

A principal atividade económica é a agricultura na bacia hidrográfica. A agricultura envolve a produção de culturas alimentares. As culturas alimentares cultivadas são o milho, o painço, o feijão e os legumes verdes. A criação de gado também é efectuada em pequena escala. Várias indústrias estão também localizadas perto do rio, incluindo fábricas têxteis, fábricas de sabão e de transformação de peixe, salinas e garagens de automóveis. A estação de tratamento de águas e esgotos de Kisumu também está localizada na zona.

3.3 Seleção da zona de estudo e dos pontos de amostragem

O rio Kisat foi propositadamente selecionado entre os rios que drenam para o Lago Vitória devido à sua fácil acessibilidade, ao contrário dos outros rios. O rio foi também de interesse porque está exclusivamente situado numa zona urbana, recebendo assim efluentes da zona industrial ao longo da margem, da estação de tratamento de águas e esgotos de Kisumu e das actividades humanas. As estações de amostragem ao longo do rio foram selecionadas para representar diferentes variações ecológicas e ambientais dentro do rio, a fim de compreender a influência do stress natural e induzido pelo homem nos atributos físicos, químicos e biológicos da qualidade da água.

Foram selecionados cinco locais de amostragem ao longo do troço do rio desde a nascente até à foz, como mostra a figura 3.1. O local de amostragem Cl estava localizado perto da nascente do rio, o local C2 estava localizado a 3 km da nascente, o local de amostragem C3 estava localizado após as descargas de resíduos industriais e municipais (obras de tratamento de esgotos), o local de amostragem C4 estava localizado debaixo de uma ponte, a um quilómetro e meio de distância da foz do rio e, finalmente, o local C5 na foz do rio, quando este entra no lago. A amostragem foi efectuada durante um período de seis meses e em cada estação a amostragem foi feita uma vez por mês para os cinco locais de amostragem.

3.4 Processo de amostragem

Foram recolhidas 30 amostras para a determinação dos nutrientes e das espécies de diatomáceas.

As amostras de água foram recolhidas uma vez em cada local de amostragem durante um período de seis meses. Antes da amostragem, as garrafas foram cuidadosamente lavadas e enxaguadas com água destilada e, antes da lavagem, foram embebidas em HCl a 10%. Seguiu-se um enxaguamento final com a amostra a recolher antes de colocar as amostras nas garrafas. As amostras de água para análise dos nutrientes foram recolhidas com um amostrador de água Van Dorn de plástico de 2 litros e transferidas para garrafas de polietileno de 250 ml. A água foi recolhida 30 cm abaixo da superfície, perto da margem do rio. As amostras foram então fixadas com H2SO4 e mantidas numa caixa de gelo durante o transporte para o laboratório para análise. A análise das amostras foi efectuada no prazo de 4 horas após a sua recolha, caso contrário as amostras seriam mantidas congeladas num frigorífico a 4^0 C, de modo a impedir que as actividades químicas e biológicas tivessem lugar após a amostragem. Para a análise das diatomáceas, a amostra de água foi colhida com uma colher a 30 cm abaixo da superfície da água, seguida de filtração através de uma rede de plâncton com poros de 64 µm e colocada em garrafas de vidro de 100 ml. A água foi então fixada com solução ácida de Lugol antes de ser transportada para o laboratório para análise.

3.5 Procedimentos analíticos

3.5.1 Parâmetros físicos e químicos

3.5.1.1 Caudal do rio (m⁄s)

O caudal/velocidade do rio foi determinado com recurso a um correntómetro. A área foi obtida medindo a largura e a profundidade do curso de água, e a velocidade da água foi determinada utilizando um medidor de corrente. A descarga em cada um deles foi calculada multiplicando a área do curso de água e a velocidade medida.

3.5.1.2 Temperatura (°C)

A temperatura foi medida utilizando um sensor de temperatura de um CTD Seabird, a sonda foi imersa em água até uma profundidade de 30 cm e as leituras foram deixadas estabilizar, após o que foram lidas e registadas em^0 C.

3.5.1.3 Oxigénio dissolvido (mgT)[1]

O oxigénio dissolvido foi medido utilizando uma sonda de oxigénio dissolvido de um CTD Seabird com compensação automática de temperatura a 25^0 C. A sonda foi imersa em água até uma profundidade de 30 cm, agitando suavemente a água com a sonda, permitindo que as leituras do medidor estabilizassem e o oxigénio dissolvido fosse lido em mgl^.[1]

3.5.1.4 Condutividade (µScm)$^{-1}$

A condutividade foi medida utilizando um medidor de condutividade e uma sonda de um CTD Seabird com compensação automática de temperatura. A sonda foi imersa em água até uma profundidade de 30 cm, deixada a estabilizar, após o que as leituras de condutividade foram registadas em µS⁄cm.

3.5.1.5 pH

O pH foi medido utilizando um mini pHmetro digital 49 de um CTD Seabird com compensação automática de temperatura a 25^0 C. A sonda de pH foi imersa em água a 30 cm de profundidade e o pH lido após a leitura no medidor ter estabilizado e registado em unidades de pH.

3.5.1.6 Alcalinidade (mgΓ^1 $_{CaCO_3}$)

A alcalinidade da fenolftaleína foi primeiramente determinada titulando 50 ml da amostra de água com ácido sulfúrico 0,05M utilizando o indicador de fenolftaleína para determinar o ponto final da titulação. Para determinar a alcalinidade total, adicionaram-se 3 gotas de indicador laranja de metilo à amostra e titulou-se até ao seu ponto final (APHA, 1998).

A alcalinidade foi calculada em mgl^^{1} CaCO3 utilizando a fórmula

$$T = \frac{100{,}000 \times B \times M}{V} \text{ mg } l^{-1}$$

Em que T é a alcalinidade total, B é o volume de solução ácida padrão (ml) necessário para atingir o ponto final do indicador laranja de metilo, M é a concentração do ácido (mol l^^{1}) e V é o volume da amostra (ml).

3 .5.2 Análise dos nutrientes

3.5.2.1 Azoto total (TN)

A concentração de azoto total foi determinada utilizando o método do fenol para o amoníaco-nitrogénio (APHA, 1998). Adicionaram-se 5 ml de per sulfato de potássio a 10 ml de amostra de água não filtrada, seguindo-se a digestão numa autoclave a 121^0 C durante 30 minutos para converter o azoto orgânico em nitrato, deixando-se depois arrefecer até à temperatura ambiente. O nitrato foi então reduzido a nitrito através da passagem por uma coluna de redução de cádmio após adição de um tampão, cloreto de amónio, a pH 8,5. Seguiu-se a adição de dicloridrato de naftil-etilenodiamina para formar um corante azo púrpura avermelhado, cuja absorvância foi medida com um espetrofotómetro a um comprimento de onda de 543 nm. Os padrões foram tratados de forma semelhante. O TN foi registado em μgl .$^{-1}$

3.5.2.2 Fósforo total (TP)

A concentração total de fósforo foi determinada utilizando o método de redução do ácido ascórbico (APHA, 1998). 25 ml de amostras de água não filtrada foram oxidadas a ortofosfato (PO_4-P) por autoclavagem a 121^0 C durante 30 minutos, utilizando persulfato de amónio como agente oxidante. O fósforo do ortofosfato foi combinado com molibdato de amónio para dar um complexo de molibdofosfato. O complexo foi posteriormente reduzido pelo ácido ascórbico a um complexo azul de fosfomolibdato e a intensidade da cor foi medida colormetricamente num comprimento de onda de 885 nm. Os padrões de fosfatos conhecidos foram submetidos ao mesmo tratamento que as amostras. O TP foi registado em μgl $.^{-1}$

3.5.2.3 Silicato (Si)

O silicato foi determinado utilizando o método do molibdosilicato (APHA, 1998) em amostras de água filtrada. Os iões molibdato reagem com a sílica para formar o ácido molibdossilícico, um complexo amarelo. O ácido molibdósilícico amarelo é reduzido por meio de ácido ascórbico ao heteropolimolibdato azul. A intensidade do complexo azul foi então medida colormetricamente utilizando um espetrofotómetro a um comprimento de onda de 810 nm. Os padrões foram tratados de forma semelhante e os registos efectuados em mgl $.^{-1}$

3.5.2.4 Clorofila *a*

A amostra de água de 100 ml foi filtrada utilizando um filtro GF/C. O papel de filtro foi transferido para um copo com uma solução de acetona a 90% durante 5 minutos para extração da clorofila. O extrato foi centrifugado em tubos fechados durante 20 minutos e decantado. O extrato clarificado foi transferido para cuvetes de 1 cm e foi utilizado um espetrofotómetro para ler a transmissão da luz a 665 e 663 nm (APHA, 1998). A concentração de clorofila *a* foi determinada utilizando a seguinte fórmula e registada em mgl $.^{-1}$

$$\text{Chlorophyll } a = \frac{26.73\,(663a - 665b) \times Ve}{Vs \times L}\ \text{mg m}^{-3}$$

Em que Ve é o volume do extrato de acetona (litros), Vs é o volume da amostra de água (m^3), L é o percurso da luz ou a largura da cuvete (cm), 663a - 750a é a absorvância 663a corrigida e 665b - 750b é a absorvância 665b corrigida.

3.6 Parâmetros biológicos (análise de diatomáceas)

3.6.1 Composição das diatomáceas

A composição das diatomáceas foi determinada microscopicamente (APHA, 1998) utilizando amostras conservadas. Uma amostra de 2 ml de água foi colocada numa câmara de amostragem Utermohl e deixada a repousar durante pelo menos três horas. A identificação das espécies de diatomáceas foi efectuada utilizando um microscópio invertido Zeiss Axioinvert 35 com uma ampliação de 400X. A confirmação da identidade das espécies foi efectuada com o auxílio de chaves taxonómicas apropriadas que incluíam Fallu e Pienitz (2000) e Krammer e Bertalot (2000, 2002 e 2003). As contagens de diatomáceas foram efectuadas utilizando pelo menos 10 campos de visão ao microscópio invertido e a contagem foi feita em 4 transectos de igual comprimento (APHA, 1998). As diatomáceas foram estimadas através da contagem de todos os indivíduos.

3.6.2 Diversidade, regularidade e riqueza de diatomáceas

A diversidade, a regularidade e a riqueza de diatomáceas foram calculadas utilizando o índice de diversidade de Shannon Weiner com base nos resultados da contagem de diatomáceas. A riqueza de espécies foi calculada utilizando a fórmula; S=D, em que S é a riqueza de espécies e D é o número de espécies numa comunidade. A diversidade de espécies foi calculada usando a fórmula; *H'*= [Pi lnPi, onde *H'* é o índice de diversidade de Shannon (diversidade de espécies), Pi é a abundância proporcional da 'th espécie (ni/N onde n é a contagem individual de espécies e N, a contagem total de indivíduos em todos os taxa) e

In é o logaritmo natural. A equitabilidade das espécies foi derivada dos índices de diversidade e riqueza de espécies e foi calculada através da fórmula E= *H'*/ln D, em que E é a equitabilidade das espécies e varia de 0 a tol, *H'* é a diversidade de espécies e lnD é o logaritmo do número de espécies numa comunidade.

3.7 Análise e apresentação de dados

A análise de variância (ANOVA) foi utilizada para determinar diferenças significativas entre a variação espacial dos factores físico-químicos e, nos casos em que se verificaram diferenças significativas, foi utilizado o teste de Bonferroni para separar as médias. A existência de diferenças espaciais na diversidade, riqueza e equitabilidade das espécies foi também determinada por ANOVA. As relações entre os parâmetros físico-químicos e o índice de diversidade de espécies foram avaliadas através da análise de correlação de Spearman, utilizando o SPSS versão 14.

A análise de correspondência canónica (CCA), uma análise multivariada, foi realizada para estabelecer a correlação entre os taxa de diatomáceas e os parâmetros físico-químicos. A análise de correspondência canónica foi realizada utilizando o programa CANOCO versão 4.5 (ter Braak e Smilauer, 1998). A CCA é utilizada para analisar a importância das variáveis ambientais na explicação da distribuição das espécies, relacionando diretamente um conjunto de variáveis ambientais e detectando assim os padrões de variação na composição da comunidade que podem ser melhor explicados pelas variáveis ambientais.

Os dados analisados foram apresentados através de diagramas de barras e de torta, gráficos e tabelas que serviram como um meio útil para fazer várias comparações entre as variáveis de teste nos dados recolhidos.

CAPÍTULO 4

RESULTADOS E DEBATES

4.1 Introdução

Este capítulo apresenta resultados sobre as condições físico-químicas e as propriedades das diatomáceas ao longo do rio Kisat. A composição, diversidade e regularidade das diatomáceas em cada estação, bem como a relação entre a composição das diatomáceas e a dos parâmetros físico-químicos ao longo do rio são também apresentadas. Finalmente, no final do capítulo, são apresentadas as conclusões do estudo e recomendações sobre o caminho a seguir.

4.2 Parâmetros físico-químicos

O valor médio e o desvio padrão dos parâmetros físico-químicos ao longo do rio Kisat estão resumidos na Tabela 4.1.

Tabela 4.1 Valores médios ±1SD dos parâmetros físico-químicos investigados ao longo do rio Kisat entre março de 2014 e agosto de 2014.

STATION	C1	C2	C3	C4	C5
DO (mg l^{-1} O_2)	5.92±0.75	4.11±0.71	3.8±0.69	3.69±0.42	3.42±0.40 *
COND (µS cm^{-1})	390.75±18.40	839.65±33.01	796.45±23.32	699.93±100.32	695.43±90.15
TEMP °C	25.07±0.78	24.78±0.67	24.95±0.71	24.75±0.54	24.63±0.42
PH	7.49±0.16	7.08±0.17	7.32±0.22	7.49±0.24	7.6±0.24 *
F/ RATE (ms^{-1})	0.13±0.05	0.14±0.05	0.07±0.01	0.37±0.08	0.00
TUR (NTU)	32.37±5.15	97.78±17.11	108.35±21.55	88±8.85	122.98±18.97
ALK (mg/l $CaCO_3$)	107.23±20.37	124.33±26.52	199.67±28.93	173±29.58	150±28.18 *
TN (µg l^{-1})	400.77±124.50	629.71±185.14	720.87±289.87	677.14±208.78	857.88±363.96
TP (µg l^{-1})	342.17±112.48	670.16±122.81	1027.24±346.31	1227.38±424.28	1160.77±361.48
SI (mg l^{-1})	4.12±0.65	4.14±0.75	4.46±1.02	4.05±0.54	3.8±0.37 *
CHL a (mg l^{-1})	95.82±21.15	105.86±24.59	113.98±33.46	123.88±35.15	213.14±74.30

Unidades: Oxigénio dissolvido, DO (mg l^{-1}), condutividade (µS cm^{-1}), temperatura (^{0} C), pH (unidades de pH), caudal (m/s), turvação (NTU-Unidades Nefelométricas de Turbidez), dureza (mg/l $CaCO_3$), alcalinidade (mg/l $CaCO_3$), azoto total (µg P), fósforo total (µg P), silicatos SiO2 (mg l⁻ i), clorofila *a* (mg Γ^1).

*- Indica uma diferença significativa entre os locais de amostragem (P<0,05)

4.2.1 Temperatura

A temperatura da água ao longo do rio Kisat registou uma variação modesta (Fig. 4.1). A temperatura variou de 22,1^0 C (março) a 27,5^0 C (junho). As temperaturas médias registadas foram 25.07±0.78^0 C, 24.75±0.54^0 C, 24.95±0.71^0 C, 24.78±0.42^0 C e 24.63±0.42^0 C nos locais de amostragem C1, C2, C3, C4 e C5 respetivamente. (Fig. 4.1, Apêndice 1). Usando um teste ANOVA de uma via, o estudo revelou que os valores de temperatura registados nos locais de amostragem ao longo do rio não eram significativamente diferentes ($P=0.447>0.05$, $df=29$).

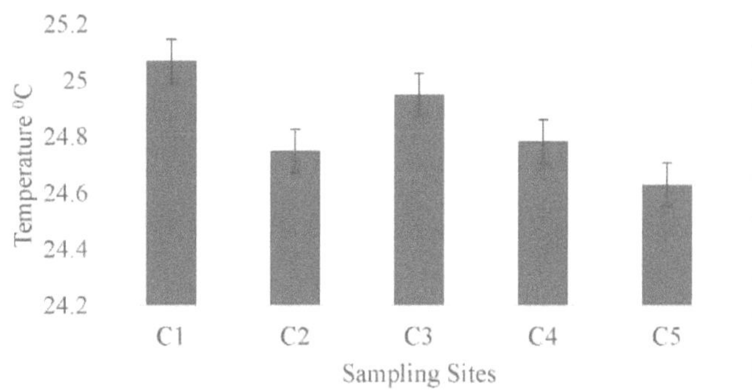

Fig. 4.1 Valores médios de temperatura nos locais de amostragem estudados entre março e agosto de 2014. As barras verticais indicam ± lSD.

O baixo valor da temperatura média registado no local de amostragem C5 pode ser atribuído ao sombreamento pelo jacinto de água que cobre o rio à medida que este entra no lago. Estas macrófitas emergentes sombreiam o rio, baixando assim a temperatura. O local de amostragem C1, situado a montante, registou a temperatura média mais elevada, o que pode ser o resultado do aquecimento direto da água pela radiação solar, uma vez que o local de amostragem tem pouca vegetação. As temperaturas mais elevadas neste local podem também ser devidas à baixa turbidez do local, permitindo assim a penetração direta da radiação solar na água. O local de amostragem C3, que registou a segunda temperatura mais elevada, pode ser atribuído ao aquecimento do canal aberto e também a florescências térmicas das indústrias situadas mesmo antes do ponto de amostragem.

A temperatura registada ao longo do rio estava dentro do mesmo intervalo que a do rio Kibos que também drena para o Lago Vitória, que variou de 23,2-25,5^0 C (Ludwig *et al.*, 2012) e do rio Ishasha na Tanzânia variando de 22,6-25,9^0 C (Mbalassa *et al.*, 2014), mas ligeiramente inferior à do rio Mara com uma gama de 19,8-22,2^0 C (Aura, 2010).

4.2.2 Condutividade eléctrica

A condutividade eléctrica mensal mais elevada registada ao longo do rio Kisat foi de 953,2 µS cm^{-1} (maio), enquanto a condutividade mais baixa foi de 318,5 µS cm^{-1} (março). O local de amostragem C1 registou baixos níveis de condutividade durante todo o período de amostragem. Observou-se um aumento dos níveis de condutividade nos locais de amostragem C4 e C5, enquanto a condutividade diminuiu nos locais C2 e C3 no mês de abril (Fig. 4.2 Apêndice 2).

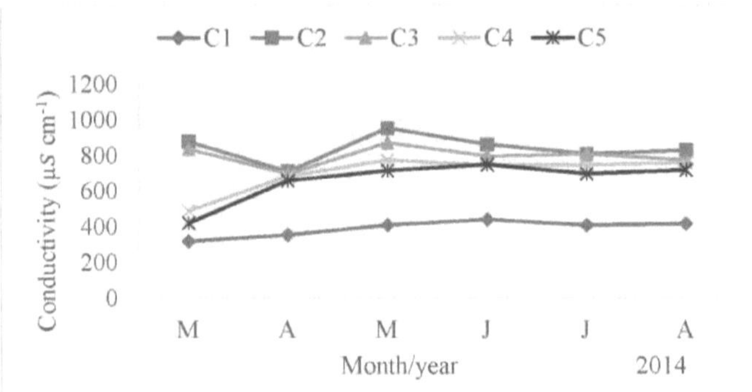

Fig. 4. 2 Variações temporais dos valores de condutividade nos locais de amostragem ao longo do rio Kisat durante o período de estudo (março e agosto de 2014).

Os valores médios globais para os locais de amostragem foram 390.75±18.40 µS cm^{-1} em Cl, 839.65±33.01 µS cm^{-1} em C2, 796.45±26.32 µS cm^{-1} em C3, 699.93±21.32 µS cm^{-1} em C4 e 659.43±20.15 µS cm^{-1} em 5 (Tabela 4.1, Fig. 4.3, Apêndice 2). O teste Oneway ANOVA mostrou que os valores médios de condutividade registados nas estações ao longo do rio não eram significativamente diferentes (P=0,267>0,05, df =29).

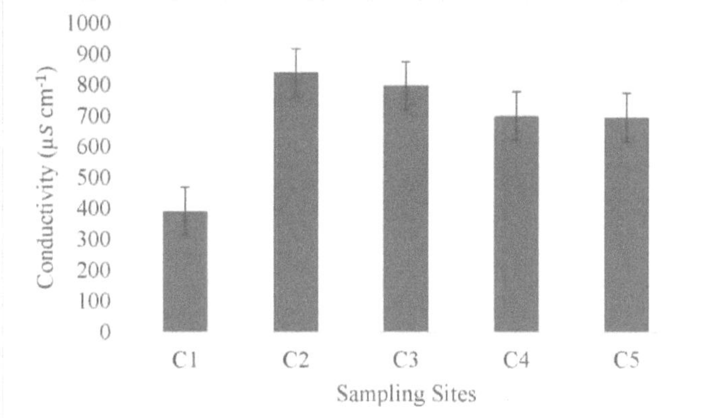

Fig. 4. 3 Valores médios de condutividade nos locais de amostragem estudados entre março e agosto de 2014. As barras verticais indicam ± ISD.

Os níveis de condutividade nos rios são influenciados pelo total de sólidos dissolvidos depositados na água. A carga de sólidos totais dissolvidos é determinada pelo tipo de solos da bacia hidrográfica e pelas actividades humanas. Nas águas tropicais, a variação sazonal acentuada da temperatura e da precipitação também influencia a condutividade dos rios, bem como o tempo de residência, a evapotranspiração e o caudal do rio (Ansare, 1996).

O nível elevado de sólidos dissolvidos no local de amostragem C2 pode ser atribuído à elevada população de pessoas que vivem no bairro de lata de Obunga, perto do rio. As pessoas da área praticam agricultura em pequena escala nas proximidades, o que, por sua vez, solta o solo devido ao cultivo constante, aumentando assim o assoreamento no rio. Além disso, os residentes lavam e dão de beber aos seus animais diretamente no rio, soltando ainda mais o solo. O elevado valor médio de condutividade registado no local de amostragem C3 pode dever-se ao elevado volume de uma combinação de efluentes industriais parcialmente tratados e não tratados que são regularmente descarregados neste local de amostragem. As indústrias desta zona são, na sua maioria, indústrias de transformação de peixe e de produtos domésticos, como as indústrias de sabão, cujas águas residuais podem ser ricas em sólidos dissolvidos. Os níveis de condutividade nos pontos de amostragem C4 e C5 podem ser devidos aos efeitos acumulados de escoamentos superficiais de sólidos dissolvidos e de cargas de nutrientes a jusante do escoamento urbano e das actividades de aplicação de fertilizantes nas pequenas explorações agrícolas e no campo de golfe.

Os níveis elevados de condutividade em maio podem ser o resultado da elevada precipitação registada no mês, que levou a um aumento do escoamento superficial que deposita sólidos no rio. Apesar da elevada precipitação registada em abril, observou-se uma diminuição da condutividade nos locais de amostragem C2 e C3, o que pode ser atribuído à redução da atividade humana nas proximidades do rio devido à construção da estrada que estava a decorrer na altura da amostragem, uma vez que o acesso ao rio era limitado. A condutividade eléctrica na área de estudo compara-se bem com a do rio Kibos que drena no lago Vitória com uma gama de 298-877 $\mu S\ cm^{-1}$ (Ludwig *et al.*, 2012), mas é mais elevada do que a do rio Nyando que variou de 270-354 $\mu S\ cm^{-1}$ (Raburu *et al.*, 2009) e do rio Kipkaren que variou de 101-115 $\mu S\ cm^{-1}$ (Aura *et al.*, 2010).

4.2.3 pH

Os valores de pH registados no estudo mostraram variações modestas nos locais de amostragem ao longo do rio e variaram entre 6,7 em junho e 8,6 em julho. Foi registado um pH elevado em julho em todos os locais de amostragem (Fig. 4.4, Anexo 3).

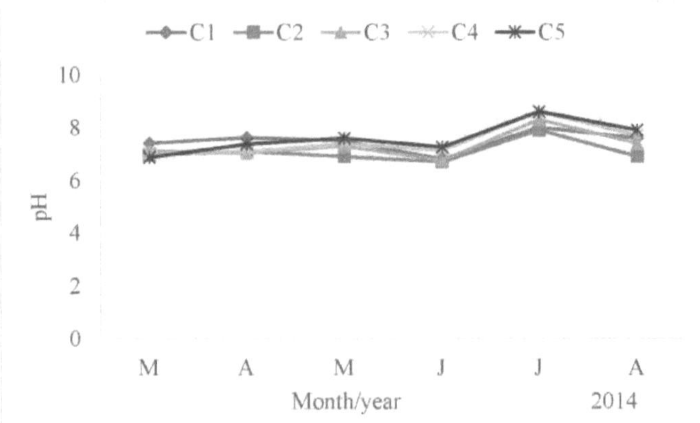

Fig. 4. 4 Variações temporais nos valores de pH nos locais de amostragem ao longo do rio Kisat durante o período de estudo (março e agosto de 2014).

A média geral do pH nos locais de amostragem foi de 7,5÷0,16 em Cl, 7,08÷0,17 em C2, 7,32÷0,20 em C3, 7,49÷0,24 em C4 e 7,60÷0,24 em C5 (Quadro 4.1, Fig. 4.5). Utilizando o teste oneway ANOVA, os valores médios de pH nas estações ao longo do rio foram significativamente diferentes ($P<0,001$, df=29).

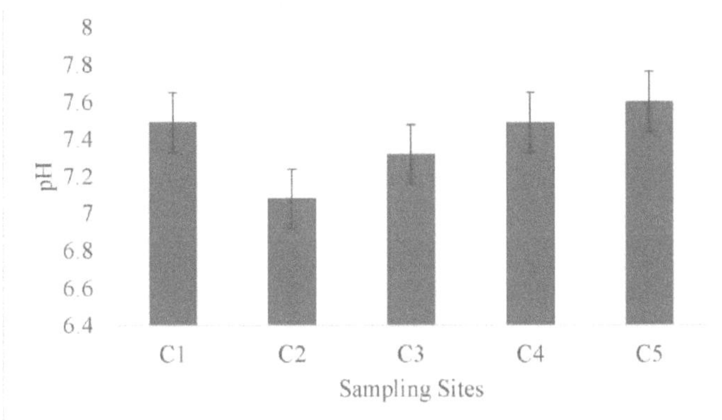

Fig. 4. 5 Valores médios de pH nas estações estudadas entre março e agosto de 2014. Barras verticais indicam ± lSD.

O pH em condições naturais depende da quantidade de carbonatos e bicarbonatos, alcalinidade e dióxido de carbono em solução, enquanto o equilíbrio entre a fotossíntese e a respiração determina os níveis de pH num ecossistema aquático (Skelton 2001). Um pH médio elevado em C5 pode ser atribuído à elevada taxa de fotossíntese causada pela elevada população de plantas aquáticas de jacinto de água. A fotossíntese leva à remoção de CO_2 da solução, perturbando assim o equilíbrio existente entre o CO_2 e o ácido carbónico (H_2CO_3) e conduzindo-o para o CO_2. Esta formação de CO_2 a partir do ácido carbónico provoca então uma redução da concentração de iões de hidrogénio, resultando num pH mais elevado.

Os valores ligeiramente alcalinos foram registados no local de amostragem C3, que recebe efluentes de uma indústria de sabão e detergente nas proximidades, o que sugere que a descarga de efluentes desta fonte pontual não é tratada adequadamente para cuidar do efeito da descarga no pH e, eventualmente, na biodisponibilidade de alguns elementos alcalinos na água. O baixo pH médio registado no local C2, situado perto do bairro de lata de Obunga, pode dever-se às elevadas taxas de decomposição que reduzem os níveis de pH provocados pelo despejo de subprodutos de peixe no rio, que os habitantes locais comercializam, e outros resíduos orgânicos domésticos. A decomposição destes resíduos orgânicos utiliza o oxigénio dissolvido na água e leva à produção de ácidos húmicos que, por sua vez, baixam os níveis de pH. Os níveis de pH registados neste estudo estavam dentro do mesmo intervalo que os do rio Nairobi, que variavam entre 6,9 e 8,0 (Dulo, 2008), do rio Mara, com um intervalo de pH de 6,78,1 (Anyona, 2014) e do rio Nyando, que variava entre 7,0 e 7,9 (Raburu, 2009).

4.2.4 Oxigénio dissolvido (DO)

O oxigénio dissolvido registado nos locais de amostragem apresentou uma grande variação. O OD variou de 2,51 mg l^{-1} (julho) a 7,18 mg l^{-1} (março). Registou-se uma grande variação do OD no local de amostragem C1, com uma gama de 4,57 mg l^{-1} (março) a 7,18 mg l^{-1} (maio), enquanto o local de amostragem C5 registou os níveis mais baixos de OD, com valores que variaram entre 3,00 mg l^{-1} (junho) e 4,00 mg l^{-1} (agosto) (Fig. 4.6).

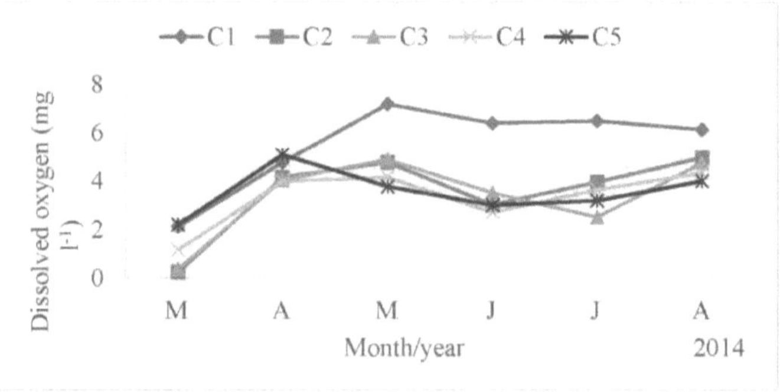

Fig. 4. 6 Variações temporais nos valores de oxigénio dissolvido nos locais de amostragem ao longo do rio Kisat durante o período de estudo (março e agosto de 2014).

As estações de amostragem registaram médias de 5,29±0,75 mg $1^{\wedge 1}$ na estação Cl, 4,11±0,71 mg $1^{\wedge 1}$ na estação C2, 3,80÷0,69 mg $1^{\wedge 1}$ na estação C3, 3,69÷0,42 mg $1^{\wedge 1}$ na estação C4 e 3,42÷0,4 mg $1^{\wedge 1}$ na estação C5 (Quadro 4.1, Fig. 4.7). Utilizando um teste ANOVA de uma via, as médias de oxigénio dissolvado nas estações estudadas foram significativamente diferentes (P<0,001, df =29). A separação de médias usando Bonferroni mostrou que os locais de amostragem Cl e C5 eram significativamente diferentes.

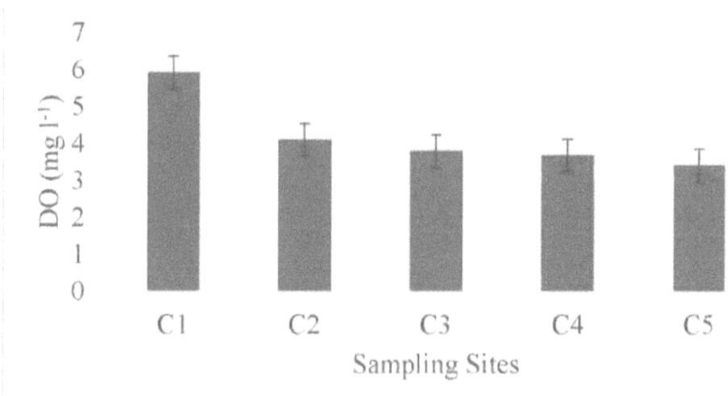

Fig. 4. 7 Valores médios de OD nos locais de amostragem estudados entre março e agosto de 2014. Barras verticais indicam ± ISD.

A quantidade de oxigénio dissolvado (OD) na água num dado momento é função de muitos factores que incluem taxas de atividade metabólica, difusão, pressão atmosférica, temperatura, caudal e proximidade da atmosfera (Dodds, 2002), i.e, As fontes de oxigénio dissolvido no meio aquático incluem a atmosfera e a fotossíntese e dependem da sua solubilidade, enquanto as fontes de oxigénio incluem a respiração, a decomposição de bactérias aeróbias e a decomposição de sedimentos mortos em decomposição (Gupta e Gupta, 2006). A presença de matéria orgânica oxidável pode levar a uma redução da concentração de oxigénio dissolvido nas águas superficiais devido à decomposição aeróbica de resíduos orgânicos por microrganismos (Dal las e Day, 2004). Os elevados níveis de DO registados no local de amostragem Cl podem ser atribuídos ao facto de a área ter uma perturbação mínima das actividades humanas, tais como o despejo de resíduos que esgotam o oxigénio devido à decomposição. Os baixos níveis de OD no local C2 podem ser devidos à prática comum de despejo de resíduos domésticos, na sua maioria orgânicos, pelos residentes no rio. Os locais de amostragem C3 e C4 registaram igualmente baixos níveis de OD, o que pode ser atribuído à libertação de águas residuais parcialmente tratadas e de resíduos industriais que têm sido implicados no aumento dos níveis de nitratos e fosfatos nas águas superficiais, levando a um aumento do crescimento de plantas e algas na água e, consequentemente, à depleção dos níveis de oxigénio. As práticas agrícolas de pequena escala levadas a cabo ao longo do leito do rio imediatamente antes do local C4 podem também contribuir para a redução dos níveis de oxigénio, uma vez que os nitratos e fosfatos dos fertilizantes utilizados são lixiviados para a massa de água, conduzindo à eutrofização da água.

O local de amostragem C5 registou a média global mais baixa de OD e, fisicamente, esta parte do rio está coberta de vegetação aquática (jacinto de água) que floresce favoravelmente à custa do OD utilizado na respiração, levando a níveis baixos de oxigénio na água, uma vez que estes competem pelo dissolvido. Além disso, o baixo nível de OD nesta parte a jusante do rio pode ser devido ao escoamento de água que transporta vários tipos de produtos químicos inorgânicos que podem provavelmente ionizar-se com o OD da água, o que, por sua vez, pode causar um baixo nível de OD, uma vez que existe um campo de golfe situado imediatamente antes de C5, que é tratado com fertilizantes inorgânicos. O DO registado neste estudo foi ligeiramente inferior ao DO registado nos rios Nyando e Kibos, que também desaguam no Lago Vitória, que variou de 7,1 mg/l a 7,7mg/l e de 6,5 mg/l a 7,9mg/l (Ludwig *et al.*, 2012).

4.2.5 Caudal

O caudal ao longo do rio variou entre 0,00 ms^{-1} no local de amostragem C5 e 0,57 ms^{-1} no local de amostragem C4, que também registou níveis de caudal mais elevados ao longo do período de amostragem. Em abril, registou-se um aumento do caudal nos pontos de amostragem C1 e C2, enquanto em agosto todos os pontos de amostragem registaram uma diminuição do caudal (Fig. 4.8, Anexo 5).

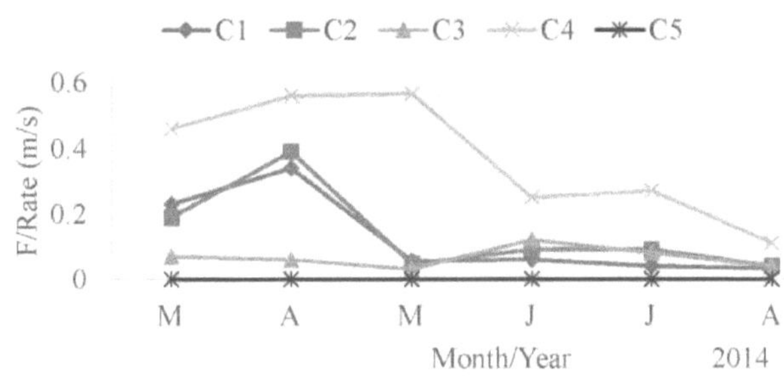

Fig. 4. 8 Variações temporais dos valores do caudal nos locais de amostragem ao longo do rio Kisat durante o período de estudo (março e agosto de 2014).

O caudal médio registado foi de 0,13±0,05 ms^-1 , 0,14±0,05 ms^-1 , 0,07±0,01 ms^-1 e 0,37±0,07 ms^-1 nos locais de amostragem C1, C2, C3 e C4, respetivamente. Ao contrário dos outros quatro locais, o local de amostragem C5 registou um caudal de valor zero (Quadro 4.1. Fig. 4.9). Utilizando um teste ANOVA de uma via, o caudal médio dos pontos de amostragem do rio não apresentou diferenças significativas (P=0,358>0,05, df= 29).

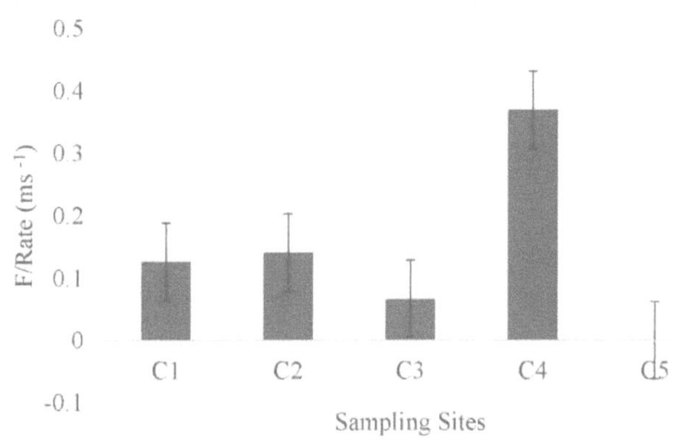

Fig. 4. 9 Valores médios de caudal nos locais de amostragem estudados entre março e agosto de 2014. As barras verticais indicam ± lSD.

O caudal do rio foi geralmente baixo, com o local de amostragem C5, localizado na foz do rio, a não apresentar qualquer registo de água corrente. O baixo caudal do rio deve-se ao facto de o rio ter uma distância relativamente curta de cerca de 4 km, uma largura que varia entre 0.6 m a montante do rio e 4.3 m na foz e uma profundidade entre 0.2 m e 0.4 m, pelo que tem um baixo volume de água. O caudal mais elevado do rio foi registado no local C4, em resultado do alargamento do rio neste ponto e, por conseguinte, de uma maior quantidade de água que passa através do ponto, especialmente após a precipitação e o escoamento superficial.

Um baixo caudal no local de amostragem Cl pode ser atribuído à localização do local de amostragem ao longo do rio, que se situa a montante, no momento em que o rio inicia o seu caudal, que neste caso era um caudal lento, uma vez que o rio está situado numa zona de baixa altitude. O baixo caudal no local C2 pode dever-se à deposição de resíduos domésticos pelos residentes, que interfere com o fluxo de água. O local de amostragem C5 não registou qualquer fluxo de água, o que pode dever-se ao elevado coberto vegetal de jacinto de água na foz do rio e em parte do lago, que impediu o fluxo de água. Durante o período de amostragem, o mês de agosto registou os valores mais baixos de caudal de água, enquanto o mês de abril registou os valores mais elevados em todas as estações, com exceção da estação C5, que não registou qualquer caudal, o que poderá dever-se à elevada precipitação registada em abril, que é acompanhada por um aumento do escoamento superficial. Os caudais mostraram uma relação positiva com o TN, o TP, os silicatos e a turvação, pelo que um aumento da velocidade da água conduziu a um aumento destes parâmetros, enquanto que uma relação negativa com os outros parâmetros medidos.

4.2.6 Turbidez

A turbidez ao longo do rio mostrou uma grande variação durante a estação de amostragem, com um valor baixo registado de 20,7 NTU (junho) e um valor alto de 195 NTU (maio). A turbidez no local de amostragem C1 variou de 20,7 NTU (junho) a 52 NTU (abril). O local de amostragem C1 registou níveis mais baixos de turbidez durante todo o período de amostragem, enquanto o local C5 apresentou valores variados durante o período de estudo (Fig. 4.10, Apêndice 6).

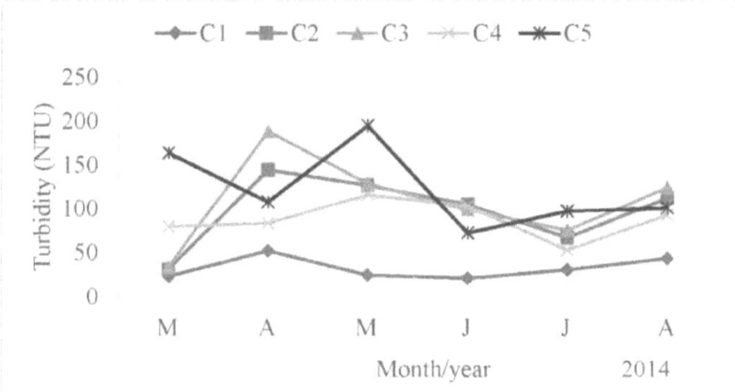

Fig. 4.10 Variações temporais dos valores de turbidez nos locais de amostragem ao longo do rio Kisat durante o período de estudo (março e agosto de 2014).

Os locais de amostragem registaram médias de 32,37±5,16 NTU em Cl, 97,78±17,10 NTU em C2, 108,35±21,55 NTU em C3, 88±8,86 NTU em C4 e 122,98±18,97 NTU em C5. Utilizando um teste ANOVA de uma via, o caudal médio dos pontos de amostragem do rio não mostrou diferenças significativas (P=0,358>0,05, df= 29) (Tabela 4.1, Fig. 4. 11).

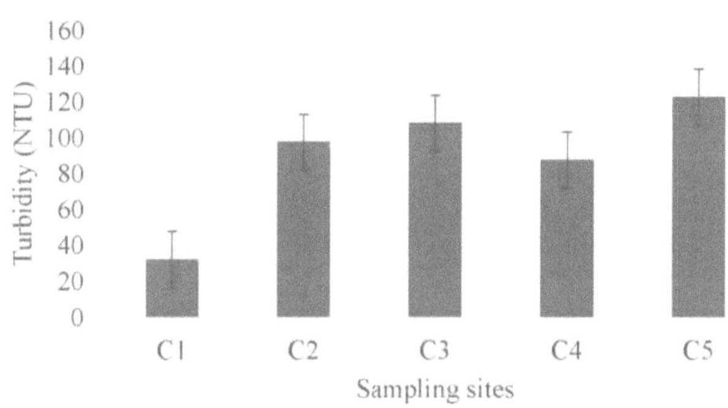

Fig. 4.11 Valores médios de turbidez nos locais de amostragem estudados entre março e agosto de 2014. As barras verticais indicam ± ISD.

Há vários factores que levam a um aumento da turvação da água do rio, alguns dos quais são o fitoplâncton, os sedimentos provenientes da erosão, os sedimentos ressuspensos do fundo (frequentemente agitados por animais que se alimentam no fundo, como a carpa), as descargas de resíduos, o crescimento de algas, o escoamento urbano, a matéria da vegetação em decomposição e os resíduos industriais e esgotos (Dallas e Day, 2004).

O local de amostragem C1 registou a turbidez média mais baixa durante o período de estudo, o que pode ser atribuído ao efeito de filtragem do pântano antes da estação, que removeu a maior parte dos sedimentos antes de serem depositados no rio. A turbidez elevada registada nos locais de amostragem C2, C3 e C4 pode ser o resultado de sedimentos provenientes dos bairros de lata de Obunga e de actividades associadas, como a produção de cerveja e a deposição de resíduos no rio, actividades agrícolas deficientes e o abeberamento direto de animais no rio, que soltam o solo da margem do rio, que por sua vez é depositado no rio, esgotos mal tratados lançados no rio, juntamente com os resíduos industriais das indústrias e as actividades de construção de estradas e pontes, que resultaram em níveis elevados de partículas finas de cimento e areia utilizadas na construção. O local de amostragem C5 registou a turbidez média mais elevada durante o período de estudo, o que pode ser o resultado dos efeitos combinados dos locais de amostragem C2, C3 e C4, bem como do aumento do crescimento de plantas aquáticas e plânctons que é estimulado pelo enriquecimento de nutrientes que, juntamente com o escoamento superficial, causam a suspensão de sedimentos.

A turbidez ao longo do rio Kisat registada neste estudo estava dentro da mesma gama que a registada no rio Kabisi na cidade de Kisii que variou de 49 NTU a 148 NTU (Sindani, 2007), os níveis de turbidez foram no entanto inferiores aos registados no rio Nyando que variaram de 194 NTU a 423 NTU (Ludwig *et al.*, 2012) e superiores aos valores registados no rio Nairobi que variaram de 8 NTU a 57 NTU (Dulo, 2008).

4.2.7 Alcalinidade

A alcalinidade ao longo do rio Kisat variou de 60 mg l^{-1} CaCO3 em março a 226 mg l^{-1} CaCO3 em junho. Registou-se uma variação ampla e desigual no local de amostragem C5, com valores que vão de 60 mg l^{-1} CaCO3 a 214 mg l^{-1} CaCO3 (Fig. 4.11, Anexo 7).

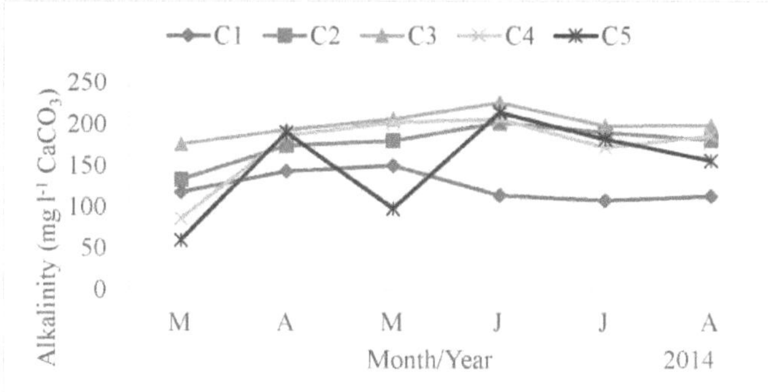

Fig. 4. 12 Variações temporais dos valores de alcalinidade nos locais de amostragem ao longo do rio Kisat durante o período de estudo (março e agosto de 2014).

A alcalinidade média mais baixa foi de 107,23±20,37 mg 1^1 CaCO3 registada no local de amostragem Cl e a mais elevada foi de 199,67±28,93 mg 1^1 CaCO3 no local de amostragem C3. Utilizando um teste ANOVA de uma via, o estudo revelou que a alcalinidade média registada nas estações era significativamente diferente (P<0,001, df=29) (Tabela 4.1, Fig. 4.14, Anexo 7).

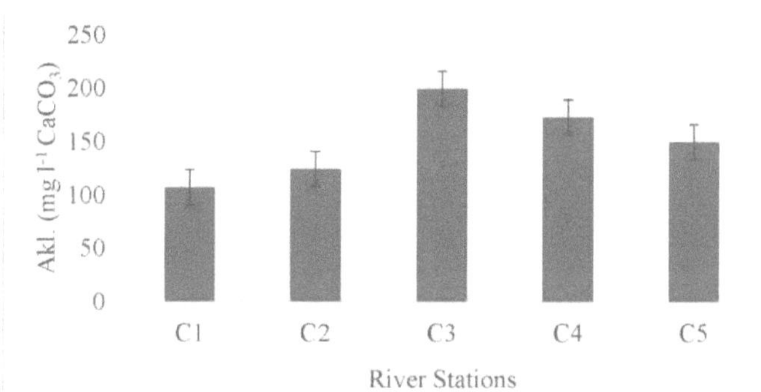

Fig. 4.13 Valores médios de alcalinidade nas estações estudadas entre março e agosto de 2014. As barras verticais indicam ± ISD.

A alcalinidade é uma medida da capacidade de uma água para neutralizar o ácido e pode ser utilizada como um índice do estado tamponado de uma massa de água, uma vez que, se forem efectuadas quaisquer alterações na água que possam aumentar ou diminuir o valor do pH, a alcalinidade actua como um tampão, protegendo a água e as suas formas de vida de mudanças bruscas de pH (Samson *et al.,* 2004). A alcalinidade é influenciada pela presença de iões de bicarbonato, carbonato e hidroxilo que se formam como resultado da interação entre o dióxido de carbono na água e materiais básicos como o carbonato de cálcio de giz ou calcário (Essien-Ibok *et al.*, 2010). As taxas fotossintéticas e a concentração evaporativa contribuíram para a variação da alcalinidade nas massas de água (Idowu e Ugwumba, 2005).

A estação de amostragem C3 registou a alcalinidade média mais elevada, o que pode ser atribuído à baixa taxa de fluxo de água (Fig. 4.9), que levou a um aumento do tempo de contacto da água com a rocha-mãe, o que promoveu o processo de meteorização. O local de amostragem C4 registou a segunda alcalinidade média mais elevada e, embora o fluxo de água registado neste local fosse elevado, esperava-se que os níveis de alcalinidade fossem baixos, o que não foi o caso. A construção utilizou cimento que foi depositado na água e o cimento é fabricado com calcário que é rico em carbonatos, aumentando assim o nível de alcalinidade.

Os níveis mais baixos no local C5 podem ser o resultado de elevadas taxas de fotossíntese pelo jacinto de água que cresceu excessivamente no local e utiliza o dióxido de carbono. Os níveis mais baixos de alcalinidade no local C5 também podem ser devidos às baixas taxas de evaporação que aumentam a diluição dos iões carbonato e bicarbonato, uma vez que uma quantidade limitada de raios solares atinge a massa de água porque a maior parte da energia solar é bloqueada pelo dossel formado pelo jacinto de água. Os baixos níveis de alcalinidade nos locais de amostragem C1 e C2 podem ser atribuídos à ligeira

maior movimento da água, como referido acima, o que reduz o tempo de contacto da rocha com a água, reduzindo assim o processo de meteorização.

....

Uma gama de alcalinidade de 100-250 mg l^{1} CaCO3 para um rio é considerada para estabilizar o pH do rio (EPA, 1999). A alcalinidade neste estudo variou de 60-214 mg l^{-1} CaCO3 e, portanto, estava dentro da faixa delineada pela EPA. A alcalinidade no estudo também se enquadrou na mesma faixa que a estudada no rio Kibos com uma faixa de 87-224 mg l^{-1} CaCO3 (Raburu *et al.*, 2009). No entanto, foram registados níveis mais baixos de alcalinidade no rio Ikpa, na Nigéria, com uma gama de 2947 mg l^{-1} CaCO3. (Idowu e

Ugwumba, 2008).

4.2.8 Azoto total

O azoto total apresentou variações modestas durante o período de estudo, com um valor baixo de 107,45 µg l^{-1} (março) e um valor elevado de 1214 µg l^{-1} (julho). O local de amostragem C2 registou valores irregulares com picos elevados em maio e junho e níveis baixos de TN em março e abril (Fig. 4.14, Anexo 8).

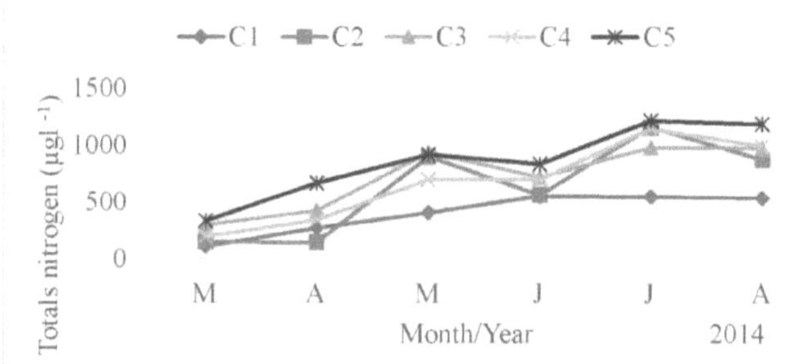

Fig. 4.14 Variações temporais dos valores de TN nos locais de amostragem estudados ao longo do rio Kisat durante o período de estudo.

A média registada em cada local de amostragem foi de 400,77±124,5 µg l^{-1} no local Cl, 629,71±185 µg l^{-1} no local C2, 629,71±185 µg l^{-1} no local C3, 677,14±208,76 µg l^{-1} no local C4 e 857,85±363,96 µg l^{-1} no local C5 (Tabela 4.2, Fig. 4.15). Usando um teste ANOVA de uma via, o TN médio dos pontos de amostragem do rio não mostrou diferença significativa (P=0,418>0,05, df= 29).

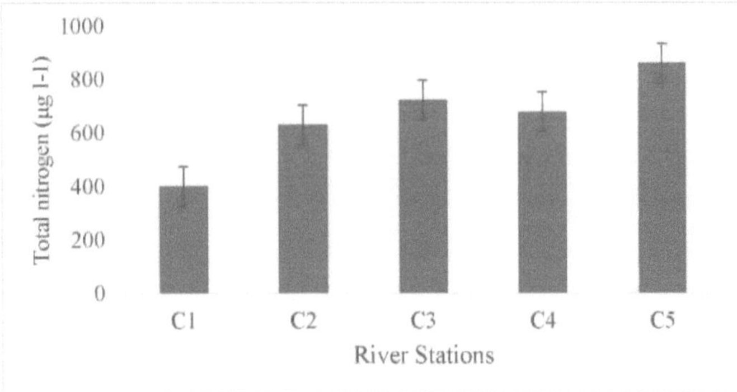

Fig. 4.15 Valores médios de TN nos locais de amostragem entre março e agosto de 2014. As barras verticais indicam ± ISD.

As variações do azoto total nas massas de água são atribuídas às práticas de utilização agrícola do solo (Chaplot, *et al.*, 2004), às actividades municipais e industriais (Howard *et al.*, 2004), à decomposição das plantas (Chapman, 2003), às fontes atmosféricas (Stoddard, 2007) e ao afluxo (Kennedy e Walker, 2000), à dimensão da bacia hidrográfica, aos lixiviados das lixeiras (Ndiritu *et al.*, 2006), ao solo leguminoso e à presença de vegetação (Hassen *et al.*, 2005). As escorrências das actividades agrícolas, os efluentes industriais e o estrume das explorações pecuárias são ricos em azoto, o que aumenta os níveis de azoto total nas massas de água (Dijk, 2002).

Os níveis de azoto total no estudo aumentaram a jusante, o que sugere a acumulação a jusante deste nutriente, levando a um aumento da eutrofização da água. As estações do rio Kisat, exceto o local de amostragem Cl, registaram valores mais elevados de azoto total. O menor valor médio de TN registado no local Cl pode ser explicado pela natureza das actividades humanas. Neste local, a agricultura de pequena escala foi a principal fonte de nutrientes em oposição às descargas domésticas, municipais e industriais que têm maiores cargas de nutrientes. Os níveis elevados de TN no local de amostragem C2 situado no bairro de lata de Obunga podem ser atribuídos a efluentes domésticos que constituem resíduos domésticos biodegradáveis, tais como vegetais e matéria animal, despejados no rio e ao longo da margem do rio, que são posteriormente arrastados para o rio.

O abeberamento direto do gado por residentes nas proximidades pode também ter contribuído para os elevados níveis de TN, quando os resíduos animais são libertados diretamente no rio e/ou lavados por escoamento superficial. Os níveis elevados de TN nos pontos de amostragem C3, C4 e C5 podem ser explicados por actividades humanas, incluindo resíduos industriais descarregados no rio por indústrias de sabão, têxteis e de transformação de alimentos localizadas antes do ponto de amostragem. A média mais elevada de TN na zona de amostragem C5 pode ainda ser atribuída à acumulação deste nutriente a jusante, bem como ao escoamento superficial de fertilizantes utilizados na manutenção do campo de golfe situado antes da estação.

4.2.9 Fósforo total

O fósforo total (TP) registado apresentou variações modestas. O valor mais baixo de TP registado foi de 351.14 µg ı^1 (julho) enquanto o valor mais alto registado foi de 1391 µg ı^1 (junho) (Fig. 4. 16, Anexo 9).

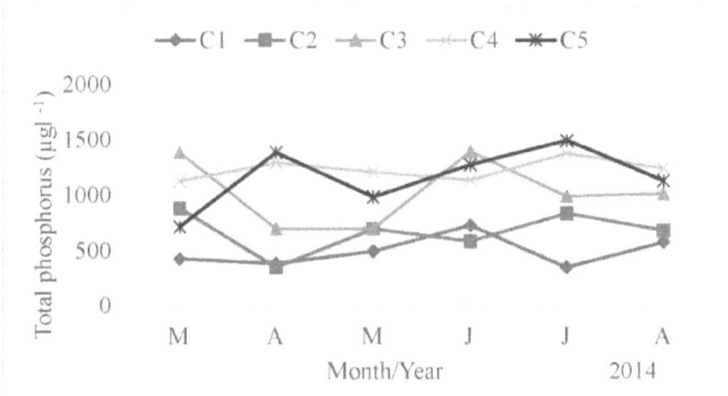

Fig. 4.16 Variações temporais dos valores de TP nos locais de amostragem ao longo do rio Kisat durante o período de estudo (março e agosto de 2014).

Os valores médios de fósforo total dos locais de amostragem foram de 492,17±112,48 µg ı^1 , 670,16±122,81 µgi^1 ,1027,24±346,31 µgl'^1 , 1227,38±424,78 µgl'^1 e 1160,77±361,48 µg ı^1 nos locais C1, C2, C3, C4 e C5, respetivamente (Quadro 4.2, Fig. 4.17). Usando um teste ANOVA de uma via, o TP dos pontos de amostragem do rio não mostrou diferença significativa (P=0,419>0,05, df=29).

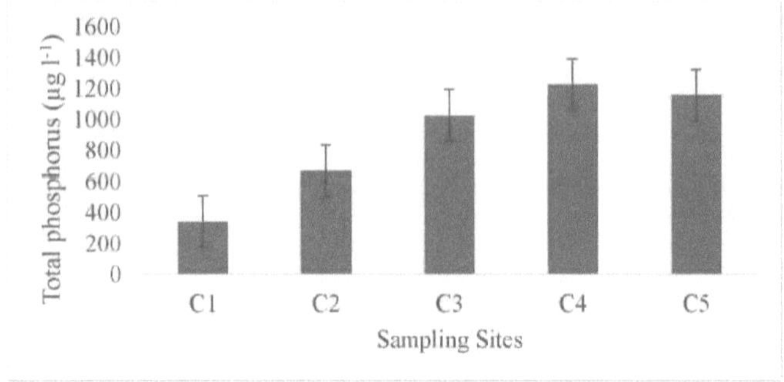

Fig. 4.17 Valores médios de TP nos locais de amostragem estudados entre março e agosto de 2014. As barras verticais indicam ± ISD.

As variações na concentração total de fósforo nos rios podem ser atribuídas a actividades antropogénicas, entradas domésticas e industriais de fósforo, como a eliminação de esgotos e detergentes ricos em fósforo (Masese *et al.*, 2009), escoamento agrícola (Lung'aiya, 2002), frequência da precipitação e tipo de vegetação nas bacias hidrográficas (Mathoko, 2001). Os níveis de TP aumentaram a jusante devido aos efeitos cumulativos do nutriente, exceto no local a jusante, o local de amostragem C5, onde o TP médio global diminuiu ligeiramente. Esta diminuição pode ser atribuída à absorção do nutriente pela elevada população de jacinto de água, uma vez que se sabe que a vegetação das zonas húmidas absorve ativamente os nutrientes.

Os baixos registos de azoto total no estudo no local de amostragem C1 podem dever-se ao facto de as actividades humanas serem mínimas. Os níveis elevados de TP no local de amostragem C2 podem ser o resultado da lavagem direta dos residentes no rio; a utilização de detergentes ricos em fósforo é uma fonte importante de fósforo nas massas de água de superfície, especialmente nas zonas urbanas. O local de amostragem C3 também registou níveis mais elevados de TP, o que pode ser atribuído a descargas industriais, especialmente da indústria de sabão vizinha, bem como à descarga de efluentes de esgotos parcialmente tratados. O nível extremamente elevado de fósforo no local de amostragem C4 foi um reflexo dos efeitos cumulativos das descargas industriais e do escoamento urbano transportado para o rio por escoamento superficial. O fósforo total observado neste estudo foi superior ao observado no rio Nyando que variou de 119-830 µg l^{-1} (Raburu *et al.*, 2012) e no rio Sosiani que variou de 260-540 µg l^{-1} (Aura *et al.*, 2010).

4.2.10 Silicatos

Registou-se uma pequena variação nos silicatos em todos os locais de amostragem ao longo do rio, com um valor elevado de 5,73 mg l^{-1} registado em abril e um valor baixo de 2,2 mg l^{-1} registado em março. A média geral registada nos locais de amostragem Cl, C2, C3, C4 e C5 foi de 4,12±0,65 mgl^{-1}, 4,14÷0,76 mgl^{-1}, 4,46÷1,02 mg l^{-1}, 4,05÷0,54 mg l^{-1} e 3,80÷0,37 mg l^{-1} respetivamente (Quadro 4.1, Fig.4.18, Anexo 10). Utilizando um teste ANOVA de uma via, o silicato médio dos pontos de amostragem do rio mostrou que havia uma diferença significativa entre os locais de amostragem ($P=0,004<0,05$, df= 29).

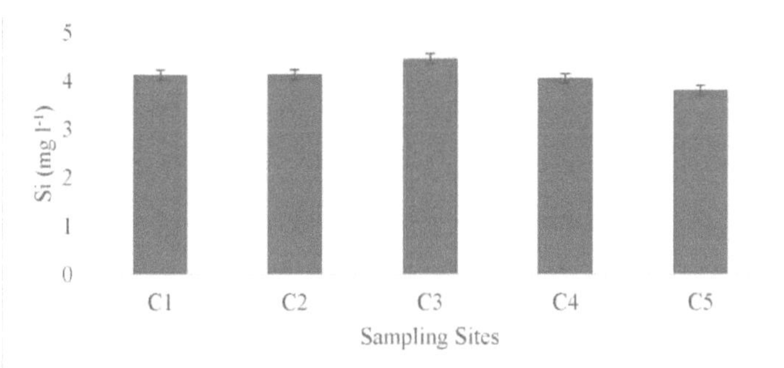

Fig. 4.18 Valores médios de Si nos locais de amostragem estudados entre março e agosto de 2014. As barras verticais indicam ± lSD.

O silicato nas massas de água é derivado da meteorização física e química natural das rochas siliciosas sob a influência do dióxido de carbono, pelo que os silicatos são normalmente encontrados em suspensão na maioria das fontes de água, geralmente em baixas concentrações (Hutchinson, 2007). A variação dos silicatos nos rios depende da taxa de meteorização, da estação do ano, do fósforo, do azoto e da composição do efluente (silicato ou silicato em combinação com fósforo e azoto). Sabe-se que o silício está presente em todos os organismos vivos e ocorre sob a forma de sílica amorfa hidratada, designada por opala, e é necessário para a produção de materiais estruturais em organismos unicelulares, uma vez que é utilizado como componente estrutural das Bacillariophyceae e para a síntese de clorofila até às plantas e animais superiores.

O local de amostragem C5 registou a média mais baixa de silicatos, o que pode ser atribuído à elevada composição de diatomáceas (Tabela 4.3) que utilizam a sílica. Além disso, a baixa concentração de sílica pode dever-se à absorção pelo jacinto de água, que utiliza este nutriente para a síntese de clorofila. Do mesmo modo, a baixa média de silicatos no local de amostragem Cl pode ser o resultado da elevada composição de diatomáceas na estação.

4.2.11 Clorofila *a*

Os níveis de clorofila *a* registados ao longo do rio tiveram variações modestas entre os locais de amostragem Cl, C2, C3 e C4, com valores que variaram entre 64,76 mg l^{-1} (março) e 44,11 mg l^{-1} (agosto). O local de amostragem C5 registou os níveis mais elevados de chl *a* durante o período de amostragem, com uma média de 213,14±74,30 mg l^{-1} (Fig. 4.19, Apêndice 11).

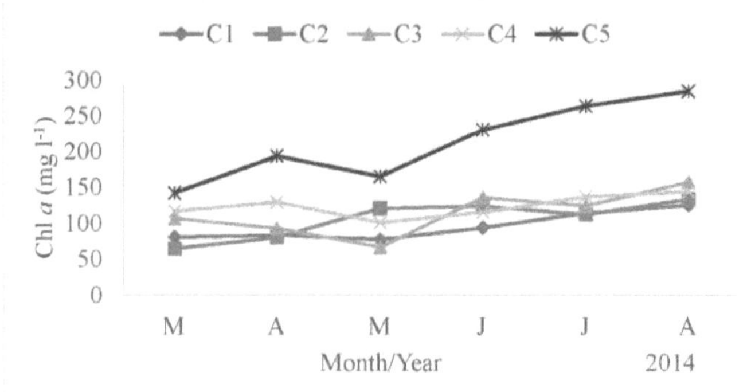

Fig. 4. 19 Variações temporais dos valores de clorofila *a* nos locais de amostragem ao longo do rio Kisat durante o período de estudo (março e agosto de 2014).

Os valores médios registados nos locais de amostragem Cl, C2, C3 e C4 foram 95,82±21.15 mg l^{-1}, 105,86÷24,59 mg l^{-1}, 113,98÷33,47 mg l^{-1} e 123,88÷35,16 mg l^{-1} respetivamente (Tabela 4.1, Fig. 4.20). Utilizando um teste ANOVA de uma via, a média da clorofila *a* nos locais de amostragem do rio não mostrou diferenças significativas (P=0,455>0,05, df= 29).

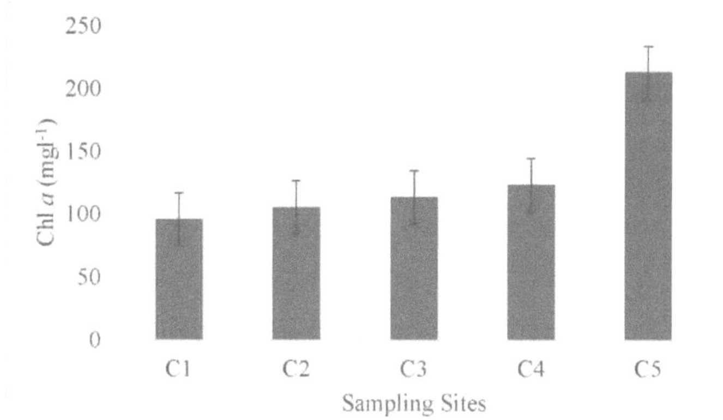

Fig. 4. 20 Valores médios de chi *a* nas estações estudadas entre março e agosto de 2014. As barras verticais indicam ± lSD.

A clorofila *a* é um pigmento de cor verde que as plantas utilizam para produzir o seu próprio alimento, utilizando a energia do sol e vários nutrientes num processo conhecido como fotossíntese. As diatomáceas suspensas na água utilizam a clorofila para fazer a fotossíntese e, medindo a quantidade de clorofila nos rios e noutras massas de água, os cientistas podem quantificar os níveis de diatomáceas e de outro fitoplâncton e estimar a atividade fotossintética na água. Os níveis de clorofila podem variar sazonalmente, com níveis mais elevados nos meses de sol, quando as diatomáceas estão ativamente a fazer fotossíntese. No entanto, níveis elevados de clorofila também podem indicar níveis elevados de escoamento de águas pluviais ou outras fontes de excesso de nutrientes que entram nas massas de água (Pinckney *et al.* 2003; Paerl *et al.*, 2006; Wong *et al.*, 2009).

Observou-se que os níveis de clorofila *a* aumentam a jusante ao longo do rio. O elevado chi a registado no local de amostragem C5 durante o período de estudo pode ser atribuído aos efeitos acumulados do fluxo de nutrientes a jusante. Além disso, a aplicação de fertilizantes no campo de golfe imediatamente antes do local de amostragem C5 pode ter contribuído para o aumento de nutrientes na água. Além disso, uma elevada população de jacinto de água no local de amostragem durante o período de estudo aumentou a taxa de fotossíntese que, por sua vez, aumentou os níveis de clorofila. A libertação de resíduos industriais e esgotos mal tratados no local C3 pode ter causado os elevados níveis de chl *a* correspondentes aos elevados níveis de nutrientes, especialmente fósforo total e azoto amoniacal.

Os níveis elevados de clorofila *a* no local de amostragem C4 podem ser atribuídos a actividades agrícolas de pequena escala ao longo da margem do rio antes do ponto de amostragem que utilizam fertilizantes. A clorofila *a* registada no ponto C2 pode ser atribuída à presença de nutrientes como o nitrato de amónio proveniente do estrume de animais domésticos nas proximidades e também devido aos fosfatos que são libertados no rio quando os residentes do bairro de lata de Obunga se lavam diretamente no rio. O local de amostragem Cl registou o nível mais baixo de chl *a*, o que pode dever-se ao facto de as actividades humanas na zona serem mínimas e, por conseguinte, à baixa quantidade de nutrientes descarregados no rio.

4.3 Coeficientes de correlação de Spearman entre os parâmetros físico-químicos no rio Kisat.

A temperatura foi positivamente correlacionada com a turbidez, a CE, a alcalinidade, o chl a, os silicatos, o TN e o TP e negativamente correlacionada com o OD, o caudal e o pH . Tassaduqe *et al.* (2003), num estudo realizado no rio Juskei, na África do Sul, observaram que o OD está inversamente relacionado com a temperatura da água, pelo que um aumento da temperatura conduz a uma diminuição subsequente do oxigénio dissolvido.

A condutividade teve uma relação negativa com o OD, o caudal, a alcalinidade, o TN e o TP, indicando que um aumento da condutividade não provoca aumentos nestes parâmetros. O pH teve uma relação positiva com o OD, a temperatura, o chl *a*, o TN e o TP, enquanto que teve uma relação negativa com o caudal, a temperatura e a alcalinidade (Quadro 4.2). A correlação negativa entre o pH e a alcalinidade e a relação positiva entre o pH e a temperatura podem ser atribuídas aos elevados níveis de pH na água causados pelo efeito combinado da baixa alcalinidade e da elevada temperatura das águas superficiais na parte a montante do rio.

O oxigénio dissolvido mostrou uma relação negativa com a temperatura, a turbidez, a condutividade da água TN, TP e chl *a* (Quadro 4.2). Sabe-se que a turvação da água diminui a transparência da água, afectando assim a penetração da luz solar na água (Maitland e Morgan, 1997), reduzindo assim a taxa fotossintética na água, o que, por sua vez, pode reduzir o teor de oxigénio dissolvido. Foi observada uma correlação positiva entre o DO e o pH, o que está de acordo com as conclusões de Atobatele e Ugumba (2008) sobre o rio Ikpa, na Nigéria, que referiram que, com valores de pH alcalinos, as actividades fotossintéticas seriam elevadas e deveriam resultar num elevado teor de oxigénio. A correlação de Spearman mostrou que a turvação tinha uma relação positiva com todos os outros parâmetros medidos, exceto o pH, o OD e o caudal. A alcalinidade correlacionou-se negativamente com o pH, o OD e o caudal e positivamente com os restantes parâmetros medidos.

A correlação de Spearman mostrou que o TP estava positivamente correlacionado com o TN, o chl *a*, a alcalinidade, a turvação, a condutividade e o pH e negativamente correlacionado com os silicatos, o OD e a temperatura. Uma correlação negativa entre o TP e o pH pode dever-se ao facto de o pH desempenhar um papel importante na química da água, afectando a solubilidade, a especiação química e a hidratação de nutrientes essenciais, afectando assim a sua disponibilidade, como se pode observar num aumento do pH que conduz a uma diminuição correspondente da solubilidade do fósforo. A análise revelou que os silicatos tinham uma correlação positiva com o OD, a temperatura, o caudal, a turvação e a alcalinidade, ao passo que tinham uma correlação negativa com o TP, o TN, o pH e o chl *a* (Quadro 4.2). A correlação negativa entre os silicatos e o TP e o TN pode ser atribuída ao facto de um aumento do TP e do TN conduzir a um aumento da abundância de diatomáceas que, por sua vez, utilizam os silicatos disponíveis. A clorofila *a* foi positivamente relacionada com a condutividade, temperatura, turbidez, alcalinidade, pH, TN e TP e negativamente correlacionada com o OD, caudal e silicatos. A correlação positiva entre a clorofila *a* e o pH pode ser devida a máximos de pH elevados que resultam num aumento da concentração de clorofila *a*, uma vez que níveis elevados de chl a aumentam os níveis de pH (Quadro 4.2).

Tabela 4. 2 Coeficientes de correlação de Spearman entre parâmetros físico-químicos no rio Kisat.

Parameter	DO	Cond	Temp	pH	F/Rate	Tur	Hard	Alk	TN	TP	Si	Chl a
DO	1											
Cond	-0.261	1										
Temp	-0.234	0.116	1									
pH	0.88	-0.246	0.136	1								
F/Rate	-0.033	-0.02	-0.207	-0.133	1							
Tur	-0.183	0.299	0.013	-0.253	-0.24	1						
Hard	0.06	-0.108	-0.259	.533*	-0.078	0.027	1					
Alk	-0.306	.566*	0.32	-0.101	-0.074	0.316	0.146	1				
TN	-0.113	0.43	-0.352	.461*	0.4*	0.027	0.251	.425*	1			
TP	-.594*	0.279	-0.021	0.092	0.022	0.316	0.34	0.4	.429*	1		
SI	.422*	-0.046	0.252	-0.238	0.048	0.259	-0.203	0.341	-0.089	-0.182	1	
Chl a	-0.393	0.018	0.163	0.213	-.499*	0.051	0.162	0.12	.594*	0.57*	-0.134	1

*A correlação é significativa ao nível de 0,05 (bicaudal).

4.3 Caraterísticas biológicas

4.3.1 Composição das diatomáceas

Um total de 22 taxa de diatomáceas pertencentes a 10 géneros foram registados no rio Kisat e foram distribuídos entre as famílias *Nitzschia, Fragillaria, Navicula, Aulacoseira, Cymbella, Cyclotella, Diatoma, Pinnularia, Gomphonema* e *Stephomodiscus* (Tabela 4.3). *Nitzschia, Navicula* e *Diatoma* foram comuns a todos os locais de amostragem, enquanto *Fragillaria* e *Gomphonema* foram exclusivos dos locais de amostragem C4 e C5, respetivamente. Entre os géneros, *Nitszchia* apresentou o maior número de taxa (4), seguido de *Aulacoseira* (3). Os géneros *Diatoma, Fragillaria, Cymbella, Cyclotella* e *Navicula* apresentaram dois (2) taxa, enquanto os restantes, incluindo *Pinnularia, Gomphonema* e *Stephomodiscus*, apresentaram um (1) taxa cada (Quadro 4.3).

Um total de 5 taxa representou 10% ou mais da abundância total em pelo menos uma amostra. *A Nitzschia sub-acicularis* esteve presente em todos os locais e teve abundâncias elevadas nos locais de amostragem C2, C3 e C4, ou seja, a sua abundância foi mais baixa no local C1, aumentou nos locais C2 e C4 e atingiu um máximo no local C3, com uma abundância relativa média de 30%. *Nitzschia lucustris* foi a segunda espécie consistente mais abundante, ocorrendo em alta abundância em todas as estações e contribuindo com 18,44% da contagem total de frústulas na estação C1.

Esta espécie também ocorreu em médias elevadas nas estações de amostragem C3 (14,01%) e C5 (17,07%) e diminuiu acentuadamente nas estações de amostragem C2 e C4, com percentagens de 3,35 e 2,3, respetivamente. Embora a composição global em % de *Aulacoseira nyassensis* fosse mais elevada, a sua presença não se verificou na estação de amostragem C3 e teve a maior abundância de contagens totais de frústulas na estação de amostragem C2, com uma percentagem de 22,46% (Fig. 4.3). Outras espécies que estiveram presentes nos cinco locais de amostragem incluíram *Cymbella cistula, Cymbella sp, Diatoma hiemiale, Navicula granatum, Nitzschiapalea* e *Nitzschia reta* (Tabela 4.3).

No estudo, apenas duas espécies eram exclusivas de determinados locais de amostragem e incluíam *Fragillaria longissima* que estava presente apenas no local C4 e *Gomphocymbella beccari* que se encontrava exclusivamente no local de amostragem C5 (Quadro 4.3). Em geral, a maioria das espécies individuais foi registada em Cl (21 espécies), seguido de C5 (20) e C4 (18), C3 (17) e C2 (15), respetivamente (Quadro 4.3).

No local de amostragem Cl, que se encontra na parte a montante do rio, *Navicula sp* (22%) e *Nitzschia lacustris* (19%) ocorreram em grandes abundâncias. A composição percentual de *Diatoma hiemiale Cyclotella kutzinghiana* e *Aulacoseira nyassensis* foi de 16%, 13% e 11%, respetivamente. De todas as espécies observadas a montante do rio, apenas quatro não foram observadas e estas incluíram *Cyclotella ocellata, Fragillaria longissimi*, *Gomphocymbella beccari* e *Synedra cunningtonii* (Fig. 4.20).

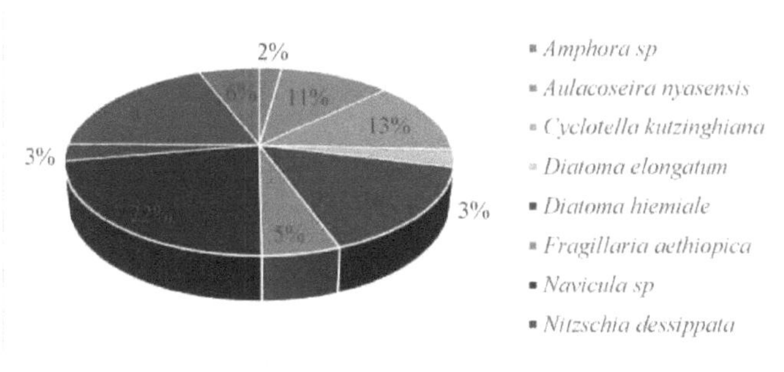

Fig 4. 21 Composição percentual das espécies no sítio de amostragem Cl ao longo do rio Kisat.

Tabela 4.3: Composição das espécies nos locais de amostragem ao longo do rio Kisat

Species	C1	C2	C3	C4	C5
Amphora ovalis	+	-	+	-	-
Amphora sp	+	-	+	-	+
Aulacoseira ambigua	+	-	+	+	+
Aulacoseira nyassensis	+	+	-	+	+
Aulacoseira schroidera	+	+	-	-	-
Cyclotella ocellata	-	-	+	-	+
Cyclotella kutzinghiana	+	+	-	+	+
Cymbella cistula	+	+	+	+	+
Cymbella sp	+	+	+	+	+
Diatoma elongatum	+	-	+	-	+
Diatoma hiemiale	+	+	+	+	+
Fragillaria aethiopica	+	-	+	-	+
Fragillaria longissima	-	-	-	+	-
Gomphocymbella beccari	-	-	-	-	+
Navicula sp	+	+	+	-	+
Navicula granatum	+	+	+	+	+
Nitzschia dessippata	+	+	-	+	+
Nitzschia lucastris	+	+	+	+	+
Nitzschia palea	+	+	+	+	+
Nitzchia recta	+	+	+	+	+
Nitzschia sub-acicularis	+	+	+	+	+
Stephomodiscus astraca	+	+	-	+	-
Synedra cunningtonii	-	-	+	+	+
Surillella ovalis	+	+	-	+	+
Synedra ulna	+	-	-	+	-
Pinnularia viridis	-	-	+	+	-

Tecla: + Presente, - Ausente

Foi observada uma composição percentual elevada para *Aulacoseira nyassensis* (26%), mas que diminuiu acentuadamente a jusante no local de amostragem C2. Seguiram-se a *Nitzschia sub-acicularis* (19%) e *a Navicula granatum* (1%). As restantes espécies registadas foram inferiores a cinco por cento (Fig. 4.21).

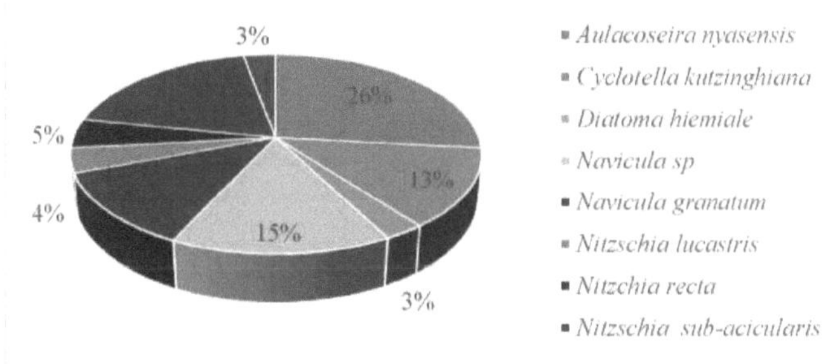

Fig 4. 22 Composição percentual das espécies no local de amostragem C2 ao longo do rio Kisat.

O trecho médio do rio, local C3, teve a espécie com maior composição de 30% e esta foi *Nitzshia sub-acicularis*, outras estações também tiveram maior abundância das espécies com mais de 15% de composição, exceto o local C1, na foz do rio, que teve menos de 10% de abundância. *Cyclotella ocellata* teve a segunda maior composição (15%), seguida de *Nitzschia lucastris* (14%) e *Diatoma elongatum* (12%) (Fig. 4. 22).

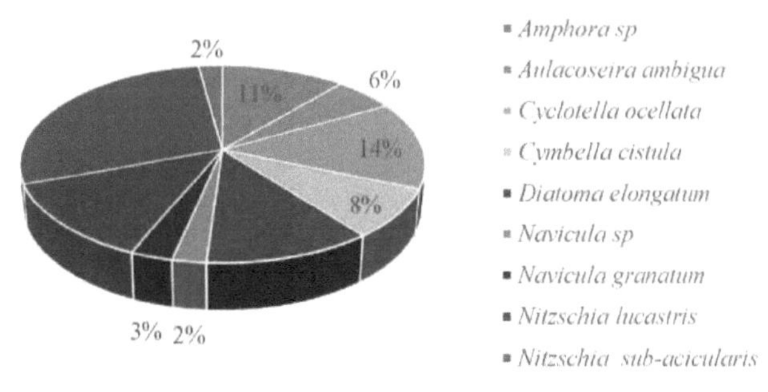

Fig 4. 23 Composição percentual das espécies no sítio de amostragem C3 ao longo do rio Kisat

Do mesmo modo, *Nitzshia sub-acicularis* (21%) foi também a espécie mais abundante no local de amostragem

C4, seguida de *Synedra cunningtonii* (15%). *Diatoma hiemale* e *Nitzschia dessippata* apresentaram uma composição superior a 10 %. A maior parte das espécies deste sítio tinha uma composição inferior a 5% (Fig. 4.23).

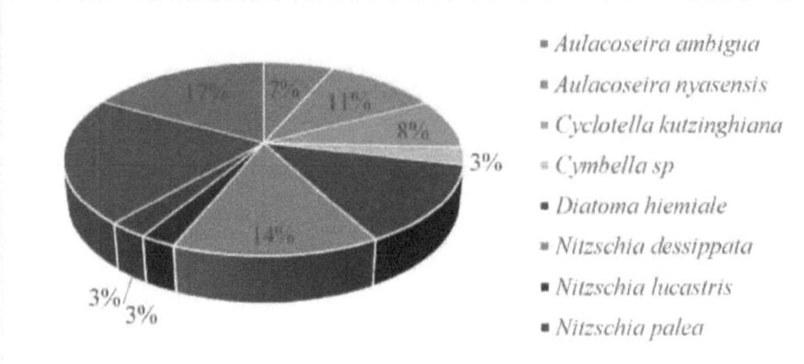

Fig 4. 24 Composição percentual das espécies no local de amostragem C4 ao longo do rio Kisat.

Por fim, na zona a jusante do rio Kisat, C5, a espécie mais abundante é a *Nitzschia lucastris* (18%) seguida da *Diatoma elongatum* (17%). A abundância de *Nitzschia sub-acicularis* (16%) é também muito elevada a jusante. *As espécies Aulacoseira ambigua, Aulacoseira schroidera* e *Cyclotella ocellata* têm uma composição percentual de 8 a 10, enquanto as outras espécies observadas representam menos de 5% em C5 (Fig. 4.24).

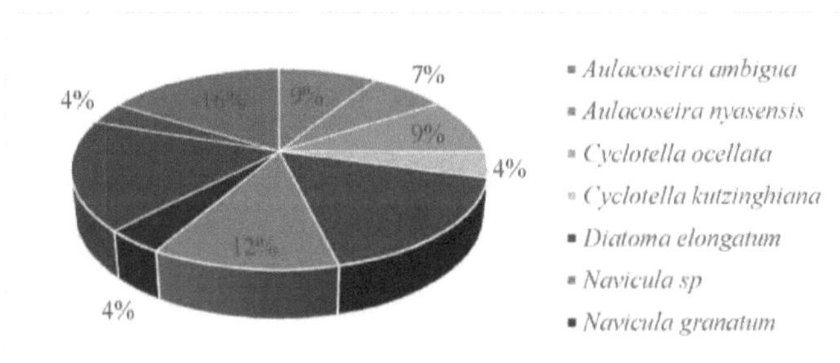

Fig 4. 25 Composição percentual das espécies no local de amostragem C5 ao longo do rio Kisat.

O padrão de distribuição das espécies de diatomáceas ao longo do rio foi quase semelhante em todos os locais de amostragem. A maioria das espécies que estavam presentes a montante, C1, também foram observadas a jusante, em C5, com exceção de duas espécies *Amphora ovalis* e *Aulacoseira schroidera* que estavam presentes no local C1, mas ausentes no local C5, enquanto *Gomphocymbella beccari* só foi encontrada em C5.

4.3.2 Densidade de diatomáceas de géneros comuns ao longo do rio Kisat

As alterações de densidade em géneros individuais de diatomáceas variaram muito entre os cinco locais de amostragem ao longo do rio Kisat. Todas as estações mostraram picos diferentes para todas as estações. Duas espécies de *Cymbella* i.e., *Cymbella cistula* e *Cymbella sp* tiveram ambas densidades elevadas, tendo havido um aumento em C1 que diminuiu no local C2 e enquanto a contagem de *Cymbella cistula* aumentou no local C3, *Cymbella sp* continuou a diminuir, ambas as espécies mostraram uma diminuição no local C4 e finalmente um ligeiro aumento no local C5 (Fig. 4.25).

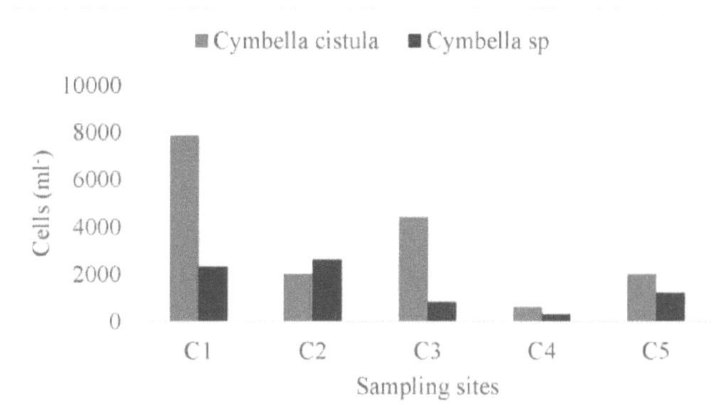

Fig. 4. 26 Alterações espaciais nas contagens individuais de espécies comuns *de Cymbella* ao longo do rio Kisat.

Registou-se uma grande variação nas contagens de espécies de *Navicula sp* e *Navicula granatum* nos locais de amostragem Cl e C2, sendo que *a Navicula sp* apresentou uma densidade mais elevada no local Cl e teve um decréscimo acentuado no local C2, em comparação com a *Navicula granatum*, que teve uma contagem baixa no local Cl e apresentou o pico mais elevado no local C2. No local de amostragem C3, ambas as espécies diminuíram e registaram um pequeno aumento em C5 (Fig. 4.26).

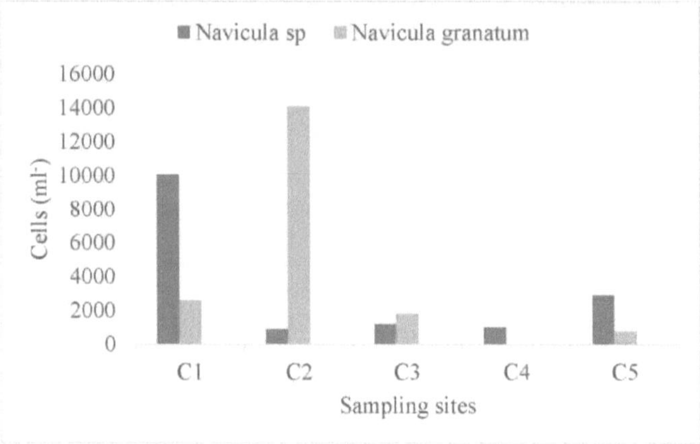

Fig. 4. 27 Alterações espaciais nas contagens individuais de espécies comuns de Navicula ao longo do rio Kisat.

Observou-se um declínio contínuo para as espécies *Aulacoseira nyassensis* e *Aulacoseira ambigua* desde o primeiro local de amostragem (Cl) até ao terceiro local (C3), que mais tarde aumentou acentuadamente em C4 e C5, com *Aulacoseira nyassensis* a apresentar a maior densidade das duas espécies (Fig. 4.27).

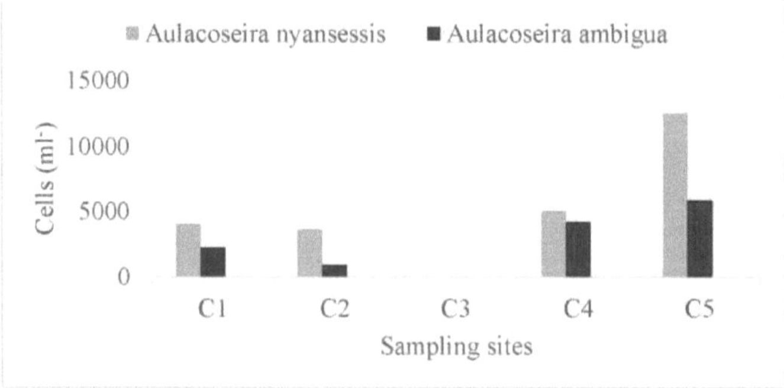

Fig. 4. 28 Alterações espaciais nas contagens individuais de espécies comuns de *Aulacoseira* ao longo do rio Kisat.

Três espécies do género *Nitzschia* registaram contagens elevadas durante o estudo, nomeadamente *Nitzschia reta, Nitzschia palea* e *Nitzschia sub-acicularis*. Verificou-se uma variação modesta entre as três espécies, tendo sido registada uma baixa densidade nos locais de amostragem Cl, C2 e C3. Registou-se um pico elevado para *Nitzschia palea* e *Nitzschia sub-acicularis* no local C4, ao contrário de *Nitzschia reta*, que apresentou um declínio contínuo. Todas as espécies diminuíram no sítio C5.

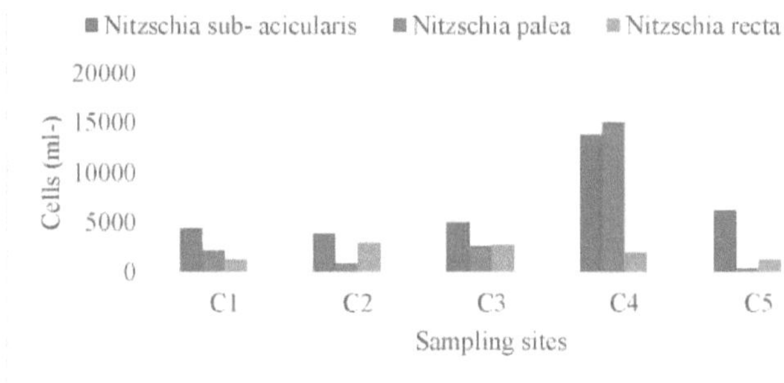

Fig. 4. 29 Alterações espaciais nas contagens individuais de espécies comuns *de Nitzschia* ao longo do rio Kisat.

4.3.3 Riqueza, diversidade e regularidade das diatomáceas

O valor médio e o desvio padrão da riqueza, diversidade e regularidade das espécies de diatomáceas nas cinco estações de amostragem estão resumidos na Tabela 4.4.

Tabela 4. 4: Média (M) e desvio padrão (DP) dos índices de diversidade de diatomáceas nas estações de amostragem.

Station	Richness *S*		Diversity *H'*		Evenness *E*	
	M	SD	M	SD	M	SD
C1	9	6	0.76	0.22	0.85	0.09
C2	7	1	0.62	0.13	0.75	0.16
C3	8	3	0.81	0.3	0.85	0.06
C4	8	3	0.67	0.2	0.78	0.17
C5	8	2	0.73	0.17	0.84	0.08

O valor médio mais elevado de riqueza de espécies (9) foi registado na estação de amostragem Cl, enquanto o mais baixo (7) foi registado na estação C2. Embora as estações de amostragem C3, C4 e C5 apresentassem uma riqueza média de espécies semelhante (8), tanto a C3 como a C4 tinham um valor de desvio padrão da riqueza de espécies de (3), enquanto o valor de desvio padrão para a estação C5 era de 2 (Quadro 4.4). A diversidade de espécies seguiu de perto as tendências da riqueza de espécies, mas com valores médios ligeiramente inferiores nas estações C4 e C5. O valor médio da equitabilidade das espécies foi semelhante nas estações Cl e C3, que também registaram os valores mais elevados, mas com desvios-padrão inferiores aos das outras estações. Por outro lado, as estações de amostragem C2 e C4, que registaram os valores médios mais baixos para a regularidade, apresentaram os valores mais elevados de desvio padrão (Quadro 4.4).

A utilização da riqueza, diversidade e uniformidade dos taxa é comum em avaliações biológicas e tem sido frequentemente utilizada para discriminar entre locais ecológicos afectados e locais ecológicos relativamente não afectados. Verificou-se que a urbanização reduz a riqueza e a diversidade de taxa de fitoplâncton em rios e riachos (Collins *et al.*, 2008) e, devido aos diversos impactos que acompanham a urbanização, como a sedimentação, os resíduos industriais e municipais, o declínio da riqueza de taxa causado pela eliminação de espécies sensíveis está entre as principais respostas da comunidade. Foi o que aconteceu na área de estudo, uma vez que os locais ao longo do rio Kisat apresentavam um baixo número de géneros (Anexo 15), bem como baixos registos do índice de diversidade, que era inferior a 2 bits (Anexo 13), em que uma massa de água é considerada fortemente poluída, em comparação com os 3-6 bits, que são considerados uma contagem de diversidade elevada com níveis de poluição ligeiros. Os índices médios de diversidade de espécies (Tabela 4.4) foram quase uniformes em todas as estações, o que pode ser atribuído às diferenças insignificantes da maioria dos parâmetros físico-químicos medidos entre os locais de amostragem do rio, mostrando assim que o rio recebe quantidades quase semelhantes de efluentes, daí a uniformidade na ocorrência de espécies durante o período de amostragem.

4.3.4 Correlação entre variáveis ambientais e riqueza e diversidade de espécies e uniformidade

Foram encontradas correlações entre as medidas de diversidade (riqueza de espécies, equitabilidade e diversidade) e as variáveis ambientais. A correlação entre as medidas de diversidade de diatomáceas e as variáveis ambientais é geralmente fraca (Hillebrand & Sommer, 2000, Beyene, 2010), o que está de acordo com os resultados deste estudo, uma vez que todas as correlações foram inferiores a 0,5. A riqueza de espécies foi positivamente correlacionada com o oxigénio dissolvido (r=0,227), alcalinidade (r=0,15), TN (r=0,12), TP (r=0,124), silicatos (r=0,059) e chl *a* (r=0,028) e negativamente correlacionada com a condutividade (r=-0,15), temperatura (r=-0,06), turbidez (r=-0,12) e caudal (r=-0,05).

Tabela 4.5: Coeficientes de correlação de Spearman entre as variáveis ambientais e a riqueza, diversidade e equitabilidade das espécies.

Environmental Variable	Richness *S*	Diversity *H'*	Evenness *E*
Dissolved oxygen	0.227	0.279	0.039
Conductivity	-0.15	-0.29	-0.19
Temperature	-0.06	-0.105	-0.218
pH	-0.12	-0.17	-0.14
Flow rate	-0.05	-0.01	0.07
Turbidity	-0.432	-0.204	-0.385
Alkalinity	0.15	0.03	0.23
Total nitrogen	0.12	-0.212	-0.11
Total phosphorus	0.124	-0.119	-0.151
Silicate	0.059	0.041	0.003
Chlorophyll *a*	0.028	0.115	0.087

A diversidade de espécies teve uma relação positiva com o OD (r=0,279), a alcalinidade (r=0,03), os silicatos (r=0,041) e o chl *a* (r=0,115), ao passo que foi negativamente correlacionada com a temperatura (r=- 0,29), a condutividade (r=-0,105), o pH (r=-0,17), a turvação (r=-0,01), o caudal (r=-0,204), o TN (r=-0,212) e o TP (r=-0,119). A regularidade das espécies apresentou uma correlação positiva com o OD (r=0,039), (r=0,07), alcalinidade (r=0,46), silicatos (r=0,03) e chl a (r=087) e uma correlação negativa com a temperatura (r=-0.218), condutividade (r=-0.19), pH (r=-0.14), turbidez (r=- 0.385), caudal (r=-0.07), TN (r=-0.11) e TP (r=-0.151) (Tabela 4.5).

O oxigénio dissolvido apresentou uma correlação positiva com todos os índices de diversidade. Isto indica que a quantidade de produtividade é elevada. A concentração de oxigénio dissolvido depende da taxa fotossintética das diatomáceas. Uma diversidade elevada de diatomáceas conduz a taxas fotossintéticas mais elevadas que, por sua vez, conduzem a concentrações elevadas de oxigénio dissolvido. A turvação foi inversamente correlacionada com a diversidade, a regularidade e a riqueza das espécies. Graus elevados de turvação (correspondentes a uma baixa transparência) provocam uma redução da penetração da luz, o que reduziria igualmente a atividade fotossintética e o crescimento das diatomáceas. Assim, a luz é um fator importante para o crescimento das diatomáceas através da fotossíntese, em que a energia luminosa é utilizada para transformar moléculas inorgânicas em matéria orgânica.

Os efeitos da temperatura da água no fitoplâncton foram examinados em muitos ecossistemas de água doce e verificou-se que a temperatura da água regula fortemente a variação sazonal do fitoplâncton. Hassan *et al.*, (2004) referiram que as bacilariofíceas aumentam com a diminuição da temperatura da água, o que está de acordo com os resultados deste estudo, em que a temperatura mostrou uma relação negativa com os índices de diversidade. O aumento da temperatura reduz a concentração de oxigénio na água, que é muito necessária às diatomáceas para o processo de respiração, afectando assim a sobrevivência das diatomáceas.

A correlação positiva entre a alcalinidade e os índices de diatomáceas pode ser atribuída à mineralização, ou seja, o aumento da alcalinidade, é conhecido por aumentar a produção de fitoplâncton, uma vez que há um aumento do nível de dióxido de carbono livre utilizado para a fotossíntese das algas. Além disso, a alcalinidade é considerada como uma medida da produtividade das águas naturais, pelo que se espera uma relação direta com o fitoplâncton.

O pH apresentou uma correlação negativa com todos os índices de diversidade, o que pode ser atribuído às alterações da composição das espécies associadas à alteração do pH, decorrentes do facto de cada espécie ter um limite específico de tolerância ao pH, o que resulta da redução da absorção de nutrientes e da suscetibilidade ao aumento da toxicidade dos metais. A toxicidade e a disponibilidade dos iões metálicos alteram-se com as mudanças de pH. As diatomáceas são uma das espécies de fitoplâncton que não são eficazes na obtenção de dióxido de carbono para a fotossíntese a um pH elevado. A utilização de iões bicarbonato, a forma dominante de carbono dissolvido a pH elevado, como fonte alternativa de carbono requer uma adaptação especial por parte das células, como a capacidade de converter bicarbonato em dióxido de carbono intracelularmente ou extracelularmente, daí a presença de anidrase carbónica, uma enzima capaz de converter bicarbonato em dióxido de carbono dissolvido para a fotossíntese.

O fósforo total e o azoto total foram positivamente correlacionados com a riqueza de espécies de diatomáceas, mas negativamente correlacionados com a diversidade e uniformidade das espécies. A relação positiva entre a riqueza de espécies e estes nutrientes pode ser atribuída ao facto de espécies específicas poderem prosperar em níveis elevados de nutrientes, enquanto outras prosperam em quantidades limitadas de nutrientes.

Embora se espere que o fornecimento de nutrientes aumente a diversidade das espécies, não foi esse o caso neste estudo, como se pode ver pela relação inversa entre os dois nutrientes e a diversidade e uniformidade das espécies, o que pode ser devido à carga contínua de fosfatos e nitratos no rio, que provoca o envelhecimento da massa de água, levando à produção de mais fitoplâncton do que o ecossistema pode consumir. Esta produção excessiva provoca então a eutrofização, que leva à proliferação de algas tóxicas, a águas anóxicas através da decomposição e à destruição de habitats que interferem com a diversidade de espécies.

A clorofila *a* constitui o principal pigmento fotossintético das diatomáceas e de outros fitoplâncton e é um índice que fornece o potencial de produção primária do qual depende a biodiversidade, a biomassa e a capacidade de carga do sistema. Neste estudo, foram feitas conclusões semelhantes, uma vez que se observou uma correlação positiva entre os índices de diatomáceas e a clorofila *a*. Os silicatos tiveram uma correlação positiva com a riqueza, a diversidade e a uniformidade das espécies, o que pode ser atribuído à necessidade do nutriente pelas diatomáceas para a formação da sua parede celular. Além disso, as diatomáceas utilizam a sílica para a síntese de ADN, proteínas e clorofila, pelo que um aumento dos silicatos conduz a um aumento subsequente da diversidade de diatomáceas.

À semelhança do que se verificou no rio Kisat, os valores da diversidade de espécies também foram geralmente mais baixos ao longo dos troços dos rios Kebena e Akaki na Etiópia, tal como referido por Beyene *et al.* (2009). Nesses cursos de água, vários poluentes provenientes de grandes cidades, como Nairobi (rio Nairobi), Kisumu (rio Kisat) e Addis Abeba (rios Akaki e Kebena), provocaram uma redução da diversidade de diatomáceas. Além disso, factores ecológicos incluindo interações e competição com outras microalgas, bactérias, protozoários e herbívoros (Elber e Schanz, 2000) podem influenciar a abundância de diatomáceas, a riqueza de espécies e a diversidade. As perturbações físicas, como a colheita de areia e o pisoteio do leito do rio por seres humanos e gado, uma ocorrência comum na região de Kisat, podem causar perturbações físicas que também podem afetar a estabilidade da diversidade de diatomáceas e outros organismos bentónicos. Mathoko (2001), por exemplo, verificou que essas actividades afectam a estrutura dos microinvertebrados no rio Njoro, no vale do Rift, no Quénia.

Um teste ANOVA de uma via revelou que a riqueza de espécies, a diversidade e a equitabilidade não diferiram significativamente entre os locais de amostragem. Este facto pode ser atribuído à distância relativamente curta do rio, bem como à adição contínua de substâncias poluentes ao longo de toda a extensão do rio. Embora o local de amostragem C1 situado na parte a montante do rio seja bastante menos poluído em comparação com os outros locais ao longo do rio, foram registadas neste local espécies altamente tolerantes à poluição, tais como *Nitzschiapalea, Nitzschia lacustris e Synedra cunningtonii*. Estas espécies estão geralmente associadas a águas de força iónica relativamente elevada e de elevada condutividade, são conhecidas por serem resistentes à poluição por metais pesados e têm sido frequentemente registadas em águas com elevada poluição orgânica, eutrofização e baixo oxigénio dissolvido. Lange-Bertalot, (2008) afirmou que as espécies são indicativas dos limites superiores de poluição que podem tolerar e não dos limites inferiores. Assim, as espécies que se desenvolvem bem em zonas poluídas (e.g. *Nitzschia palea, Nitzschia lacustris e Synedra cunningtonii*, neste caso) podem também ocorrer em águas bastante limpas, pelo que o seu valor como indicadores é a sua presença em águas poluídas.

4.3.5 Análise de correspondência canónica (CCA)

A Análise de Correspondência Canónica é uma análise multivariada que determina padrões e relações entre os taxa e os parâmetros físico-químicos. Fornece uma descrição integrada das relações espécie-ambiente. Verificou-se que a maioria das espécies estava correlacionada com as variáveis ambientais, o que pode dever-se à caraterística cosmopolita da espécie, que indica a tolerância da espécie a uma grande variedade de qualidade da água.

As correlações diatomáceas-ambiente para o eixo 1 da CCA (0,915) e para o eixo 2 (0,888) foram elevadas, indicando uma forte relação entre as diatomáceas e os parâmetros ambientais medidos. O eixo 1 da CCA apresentou uma correlação positiva com o OD (r=0,14) e o pH (r=0,21) e, em menor grau, com o chl *a* (0,11).

O caudal e o TP foram altamente correlacionados negativamente com o eixo 1, com valores de -0,49 e -0,45. Outros parâmetros que se correlacionaram negativamente com o primeiro eixo foram a condutividade (r=-0,06), a alcalinidade (r=-0,26), o TN (r=-0,12), os silicatos (r=-0,31), a dureza (r=-0,18), a turvação (r=-0,20) e a temperatura (r=-0,04). O eixo 2 da CCA representa um gradiente de condutividade e dureza. Reflecte águas duras com elevada condutância eléctrica. A alcalinidade, o caudal e o pH também se relacionaram positivamente com o eixo 2, com valores de r=0,15, r=0,05 e r=0,04, respetivamente. Por outro lado, foi negativamente correlacionado com TN (r=-0,06), TP (r=-0,09), silicatos (r=-0,21), turbidez (r=-0,44), temperatura (r=- 0,13), DO (r=-0,22) e chl a (r=-0,39) (Fig. 4.34, Anexo 16).

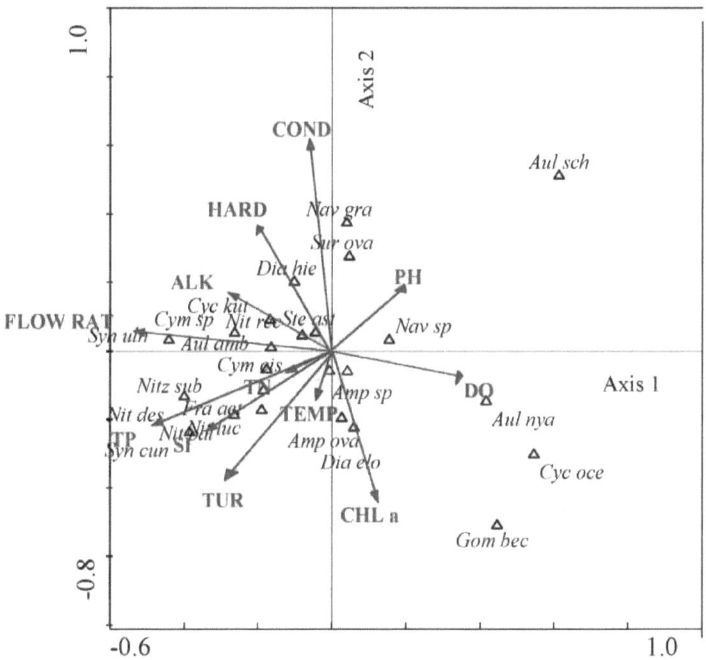

Fig. 4.30 Gráfico da análise de correspondência canónica

As espécies tolerantes a níveis mais elevados de TP, TN e silicatos foram *Nitzshia sub-acicularis, Fragillaria aethiopica, Nitzschia dessipata, Nitzschia* palea e *Synedra cunningtonii.* As espécies com temperaturas óptimas mais elevadas foram *Cymbella sp* e *Amphora sp*, enquanto as que preferiram águas com níveis elevados de oxigénio e pH foram *Aulacoseira nyasensis e Navicula sp.* As espécies tolerantes a níveis elevados de condutividade eléctrica incluíram *Surillela ovalis, Navicula granatum, Stephomodiscus astraca* e *Diatoma hiamale.*

Tabela 4.6: Lista de códigos de espécies e nomes completos

Code	Species name
Amp ova	*Amphora ovaris*
Amp sp	*Amphora sp*
Aul amb	*Aulacoseira ambigua*
Aul nya	*Aulacoseira nyasensis*
Aul sch	*Aulacoseira schroidera*
Cyc oce	*Cyclotella ocellata*
Cyc kut	*Cyclotella kutzinghiana*
Cym cis	*Cymbella cistula*
Cym sp	*Cymbella sp*
Dia elo	*Diatoma elongatum*
Dia hie	*Diatoma hiemiale*
Frag aet	*Fragillaria aethiopica*
Fra lon	*Fragillaria longissimi*
Gom bec	*Gomphocymbella beccari*
Nav sp	*Navicula sp*
Nav gra	*Navicula granatum*
Nit des	*Nitzschia dessippata*
Nit luc	*Nitzschia lucastris*
Nit pal	*Nitzschia palea*
Nit rec	*Nitzchia recta*
Nitz sub	*Nitzschia sub-acicularis*
Ste ast	*Stephomodiscus astraca*
Syn cun	*Synedra cunningtonii*
Sur ova	*Surillella ovalis*
Syn uln	*Synedra ulna*
Pin vir	*Pinnularia viridis*

As espécies que preferiram águas altamente alcalinas foram *Cyclotella kutzinghiana*, *Nitzschia reta* e *Cymbella sp*, enquanto as espécies relacionadas com águas de fluxo mais rápido incluíram *Synedra ulna* e *Aulacoseira ambigua.* Ao longo do rio, registaram-se diferenças na proporção das espécies dominantes. As espécies sensíveis à poluição, como *Aulacoseira nyassensis, Navicula sp, Cyclotella ocellata, Gomphocymbella beccari* e *Aulacoseira schroidae*, ocorreram em maior número no local a montante, Cl, e diminuíram com a distância a jusante devido à poluição. Embora *Nitzschia palea* (normalmente associada à poluição) tenha ocorrido em todas as estações do rio, a abundância desta espécie foi menor no local de amostragem Cl, enquanto dominou os locais a jusante. Cinco gradientes ambientais principais (condutividade, alcalinidade, TN, TP e silicato) influenciaram a composição das espécies de diatomáceas ao longo do rio. O teor iónico mais elevado no rio pode ser devido a entradas de efluentes industriais e a grandes quantidades de matéria orgânica em decomposição. A importância da condutividade e da alcalinidade na influência da distribuição das espécies de diatomáceas em vários biótopos na África Oriental é também referida por Gasse *et al.*, (2003). Do mesmo modo, a condutividade e a alcalinidade explicaram a maior parte da variação no rio Nairobi, como explicado por Ndiritu *et al.*, (2006).

A condutividade e a alcalinidade reflectiram os impactos dos iões e estão frequentemente entre as variáveis mais explicativas (Potapova & Charles, 2003). As espécies que preferem níveis elevados de fosfatos ocorreram principalmente nos pontos de amostragem C3 e C4, e incluíram *Nitzschia palea, Nitzschia dessipata, Synedra cunningtonii* e *Nitzschia sub-acicularis.* Esta secção do rio recebe descargas da estação de tratamento de águas residuais, para além das descargas das indústrias. As transformações microbianas das grandes quantidades de matéria orgânica morta também resultam em condições anóxicas locais. A maioria das espécies presentes em grandes abundâncias são também mencionadas na literatura como tolerantes a condições de elevada eutrofização noutros locais, incluindo os Países Baixos (Ten Cate *et al.*, 1993), Papua Nova Guiné (Vyerman, 1991), Quénia (Ndiritu *et al.*, 2003, 2006) e Etiópia (Beyene *et al.*, 2009).

O local de amostragem C2 foi caracterizado por espécies que podem tolerar um elevado teor de electrólitos e incluem *Cyclotella kutzinghiana, Navicula sp, Diatoma hiamiale e Surillela ovalis.* Esta estação recebe descargas de resíduos dos bairros de lata de Obunga e, possivelmente, efluentes da fábrica da Kenya Breweries situada nesta zona. Os bairros de lata de Obunga não dispõem de instalações sanitárias adequadas nem de abastecimento de água canalizada. O lixo e o lixo doméstico, os detergentes da roupa suja e os resíduos da destilação de chang'aa, um whisky local ilícito, são depositados em lixeiras e esgotos a céu aberto que acabam por se ligar ao rio. A fuligem, os resíduos de sal, o óleo de cozinha queimado e as vísceras de peixe provenientes da fritura de peixe ao ar livre na parte baixa de Obunga são também arrastados para o Kisat. Embora se saiba que a turbidez é uma variável ambiental importante que determina a distribuição de diatomáceas, especialmente em países temperados (Van Dam & Mertens, 2005) e também em algumas massas de água, principalmente em lagos salinos e alcalinos na África Oriental (Gasse *et al.*, 2000), os seus efeitos neste estudo foram mínimos. Do mesmo modo, não se registou um gradiente de turbidez nas bacias hidrográficas do Nilo Azul, Omo-Gibe e UpperAwash na Etiópia (Beyene, 2010).

CAPÍTULO 5

CONCLUSÕES E RECOMENDAÇÕES

5.1 CONCLUSÕES

1. Dos onze parâmetros ambientais investigados neste estudo, apenas quatro apresentaram diferenças significativas ao longo do rio ($P<0,05$) e incluem o oxigénio dissolvido, a alcalinidade, o pH e os silicatos.
2. Foi observado um total de 22 taxa de diatomáceas pertencentes a 10 géneros ao longo do rio. O género *Nitzschia* apresentou o maior número de taxa seguido de *Aulacoseira*. Outros géneros registados incluem *Diatoma, Flagillaria, Cyclotella, Cymbella, Navicula, Pinnularia, Stephomodiscus* e *Gomphonema.*
3. Foram observadas correlações positivas e negativas entre os índices de diversidade de diatomáceas (diversidade, riqueza, regularidade) e os parâmetros ambientais. Estas correlações foram, no entanto, fracas, ou seja, inferiores a 0,5.
4. Da mesma forma, foram encontradas correlações entre espécies individuais de diatomáceas e os parâmetros físico-químicos. Verificou-se que a condutividade, a alcalinidade, o TN, o TP e os silicatos têm efeitos profundos na diversidade de diatomáceas após a análise CCA.

5.2 RECOMENDAÇÕES

5.2.1 Investigação

1. O presente estudo centrou-se nas diatomáceas planctónicas ou flutuantes, sendo necessário realizar mais trabalhos sobre outros grupos de diatomáceas que incluem as diatomáceas epipelonares (que crescem na areia), episâmicas (que crescem na areia), epífitas (que crescem em macrófitas) e epífilas (que crescem em pedras).

2. Apesar da aplicabilidade do índice europeu de diatomáceas às massas de água locais, é necessário desenvolver índices para espécies endémicas aplicáveis às massas de água quenianas, especialmente aos

ecossistemas fluviais. Para tal, é necessário identificar e preparar uma lista taxonómica da flora de diatomáceas das águas do Quénia.

5.2.2 Gestão

1. O público parece não se aperceber de que um rio poluído pode ser uma fonte de doenças malignas. O público deve ser educado e sensibilizado para a necessidade de salvaguardar a qualidade das nossas fontes de água.
2. A monitorização da qualidade da água dos rios no Quénia deve ser feita com frequência e não apenas para recolha de dados, como acontece com os conselhos municipais e os centros de investigação. A legislação já estabelecida deve ser aplicada e as indústrias registadas de acordo com os efluentes que descarregam. Os produtos químicos tóxicos utilizados na agricultura e na indústria também devem ser controlados.

REFERÊNCIAS

Adams, B. J., & Papa, F. (2000). *Planeamento da gestão de águas pluviais urbanas com modelos probabilísticos analíticos*. Wiley, Toronto, Ontário, Canadá.

Anyona, D. N., Abuom, P. O., Gelder, F. B., Onyuka, J. O., Owuor, P. O., & Ofulla, A. V. (2014). Efeitos das atividades antropogênicas nos parâmetros físico-químicos e macroinvertebrados bentônicos dos afluentes do rio Mara, Quênia. *Jornal de ciência ambiental e toxicologia, 2*(5), 98-109.

APHA, (1998). *Standard Methods for the Examination of Water and Wastewater (Métodos padrão para o exame da água e das águas residuais)*. Associação Americana de Saúde Pública (13ª edição), Washington DC.

Atobatele, O. E& Ugwumba, O. A. (2008). Variação sazonal na físico-químíca de um pequeno reservatório tropical (Reservatório de Aiba, Iwo, Osun, Nigéria). *Jornal Africano de Biotecnologia Vol, 7(12),* 1962 - 1971.

Aura, C. M., Raburu, P. O., & Herrmann, J. (2010). Estrutura da comunidade de macroinvertebrados nos rios Kipkaren e Sosiani, bacia do rio Nzoia, Quénia. *Journal of Ecology and the Natural Environment, 3*(2), 39-46.

Bellinger, B., Cocquyt, C. & O'Reilly, C. M. (2006). Diatomáceas bentônicas como indicadores de eutrofização em riachos tropicais. *Journal, 137*, 245-257.

Bernhardt, E. S., & Palmer, M. A. (2007). Restabelecimento de cursos de água num contexto urbano. *Freshwater Biology, 10*, 1365-2427.

Beyene, A., Legesse, W., Triest, L. & Kloos, H. (2009). Impacto urbano na integridade ecológica de rios próximos em países em desenvolvimento: o rio Borkena nas terras altas da Etiópia. *Environmental Monitoring and Assessment Journal, 153*, 461-476.

Beyene, A., Addis, T., Kifle, D. Legesse, W. Kloos, H. & Triest, L. (2009). Estudo comparativo de diatomáceas e macro invertebrados como indicadores de poluição severa da água: estudo de caso dos rios Kebena e Akaki em Addis Abeba, Etiópia. *Indicadores Ecológicos, 67*, 381-392.

Blanco, S., & Bdcares, E. (2010). Diatomáceas epífitas como indicadores da qualidade da água em lagos rasos espanhóis. *Vie Milieu, 54*, 71-79.

Blinn, D. W., & Herbst, D. B. (2003). *Utilização de diatomáceas e algas macias como indicadores de determinantes ambientais na bacia de Lahontan, EUA*. Relatório anual para o Acordo de Contrato do Conselho de Recursos Hídricos do Estado da Califórnia.

Boyle, T. P., & Fraleigh, H. D. (2003). Factores naturais e antropogénicos que afectam a estrutura da comunidade de macroinvertebrados bentónicos numa zona dominada por efluentes do rio Santa Cruz, AZ [J]. *Ecol Ind, 3*, 93-117.

Chaplot V., Saleh A., Jaynes D. B., & Arnold J. (2004) Predicting water, sediment and NO3- N loads under scenarios of land-use and management practices in a flat watershed. *Water Air Soil Pollut, 154*, 271-293.

Chapman, A. R. O. (2003). *Actas do 17th Simpósio Internacional de Algas Marinhas*. Cidade do Cabo.

Collins, C. L., Mullen, M. W, Stewart, P. M., & Webber, E. C. (2008). Validação de um índice de comunidade de invertebrados para riachos urbanos numa bacia hidrográfica das planícies costeiras do Alabama. *J. Am. Wat. Resour. Assoc. 44*(3), 663-669.

Convenção sobre a Diversidade Biológica (CDB). (2005). *Introdução à Biodiversidade das Águas Interiores*. Secretariado da Convenção sobre a Diversidade Biológica, Montreal. http://www.biodiv.org/programmes/areas/water/default.asp

Cox, E. J. (1991). *Qual é a base para a utilização de diatomáceas como monitores da qualidade do rio? Em Use of Algae for Monitoring Rives.* (Whitton, B.A., Rott, E. & Friedrich, G., editores), 3340. Universita"t Innsbruck.

Cowx I. G. & Collares-Pereira M. J. (2002). *Conservação de peixes de água doce: opções para o futuro*. In: Collares-Pereira M. J., Cowx I. G. & Coelho M. M. (eds) Conservation of Freshwater Fishes: Options for the Future. Oxford: Fishing News Books, Blackwell Science, pp. 443-452.

Dallas, H. F. & Day, J. (2004). O efeito das variáveis da qualidade da água nos ecossistemas aquáticos: uma revisão. Relatório WRC nº: TT224/04. *ISBN no. 1-77005-131-7*. 221pp.

De la Rey, P. A., Taylor, J. C., Laas, A. Van Rensburg, L. & Vosloo, A. (2004). Determinação do possível valor de aplicação das diatomáceas como indicadores da qualidade geral da água: A comparisonwith SASS 5. *Water SA, 30*(3), 325-332.

Depauw, N. & Vanhooren, G. (2000). Métodos de avaliação biológica de cursos de água na Bélgica. *Hydrobiologia, 100*, 153-168.

Devi, V., Miranda, R. & Azis, P. K. A. (2006). Deterioração da qualidade da água - Uma visão geral dos problemas de poluição do estuário de Ashtamudi. *Poll. Res. Vol, 15* (4), 367-370.

Dijik, V. (2002). *Dinâmica da água e dos sedimentos em terrenos agrícolas íngremes com terraços em Java Ocidental, Indonésia*. Tese de doutoramento, Vrije Universiteit, Amesterdão, Países Baixos.

Dixit, S. S., Smol, J. P., Kingston, J. C., & Charles. D. F. (1992). Diatoms: powerful indicators of environmental change. *Environmental Science and Technology, 26*, 2333.

Dodds, W. K. (2002). *Ecologia de água doce: conceitos e aplicações ambientais*. Academic Press, Califórnia. 569pp.

Dudgeon, D., Arthington, A. H., Gessner, M. O., Kawabata, Z. I., Knowler, D. J., & Leveque, C. (2006). Freshwater biodiversity: importance, threats, status and conservation challenges. *Biological Reviews, 81*, 163-182.

Dulo, S. O. (2008). Determinação de alguns parâmetros físico-químicos do rio Nairobi, Quénia. *J. Appl. Sci. Manage, 12*(1), 57-62.

Duong, T. T., Morin, S., Coste, M., Herlory, O., Feurtet-Mazel, A., & Boudou A. (2010). Toxicidade experimental e bioacumulação de cádmio em diatomáceas perifíticas de água doce em relação com a maturidade do biofilme. *Science of the Total Environment, 408*, 552-562.

Fakayode S. O. (2005). Avaliação do impacto dos efluentes industriais na qualidade das águas do rio Alaro em Ibadan, Nigéria. *Ajeam-ragee, 10*, 1-13.

Gupta, S. K. & Gupta, R. C. (2006). *General and Applied Ichthyology (Fish and Fisheries)* S. Chand and Campany Ltd. Ram Niger, Nova Deli, p 1130.

Hall, R. I., & Smol, J. P. (1992). Um modelo de regressão e calibração de média ponderada para inferir a concentração total de fósforo a partir de diatomáceas em lagos da Colúmbia Britânica (Canadá). *Freshwater Biology, 27*, 417-434.

Hart, B., Ross T. & Veal, D. (2007). Microbial Indicators of River Health (Indicadores Microbianos da Saúde do Rio). Land and Water Resources R and D Corporation. *LWR-RDC Occasional Paper Series*, *36*, 18-42.

Hecky, R. E. (1993). A eutrofização do Lago Vitória. Verhandlungen der Internationalen Vereinigung for Theoretische and Angewandte. *Limnologie, 25*, 3948.

Hill, B. (2003). Assessment of streams of the eastern United States using a periphyton index ofbiotic integrity. *Ecological Indicators, 2*, 325-338.

Howard I., Espigares E., Lardelli P., Martin J. L. & Espigares M. (2004) Evaluation of microbiological and physicochemical indicators for wastewater treatment, *Environmental Toxicology, 19* (3), 241-249.

Hutchinson, G. E. (2007). Estudos limnológicos em Connecticut.... Um exame crítico da suposta relação entre a periodicidade do fitoplâncton e as alterações químicas nas águas dos lagos. *Ecologia, 25*, 3-25.

Hynes, H.B. N. (2000). *The ecology of running waters*. Liverpool: Liverpool Press.

Idowu, E. O., & Ugwumba, A. A. A. (2005). Caraterísticas físicas, químicas e da fauna bentónica de um reservatório do sul da Nigéria. *The Zoologist, 3*, 15-25.

Ikıara, M. M., Karanja, A. M., & Davies, T. C. (2004). Collection, Transportation and Disposal ofUrban Solid Waste in Nairobi (Recolha, Transporte e Eliminação de Resíduos Sólidos Urbanos em Nairobi). Irwin McGraw-Hill.

Johnson, R. A. (2001). *Indicator metrics and detection of impact in monitoring and assessment of ecological status of aquatic environments.* (K. Karttunen, ed.) Conselho Nórdico de Ministros.

Karr, J. R. (2003). Avaliação da integridade biótica utilizando comunidades de peixes. *Fisheries (Betheseda), 6* (6), 21-27.

Khan, F. A. & Ansari, A. A. (2005). Eutrophication: An Ecological Vision. *Bot. Rev. 71*, 449-482.

Kennedy, R. H., & Walker, W. W. (2000). *Dinâmica de nutrientes em reservatórios*. Em Thornton, K. W., Kimmel, B. L., & Payne, F. E. (eds.), Reservoir limnology: Ecological perspectives, 109-131. Wiley, Nova Iorque.

Gabinete Nacional de Estatística do Quénia (KNBS). (2007). *Relatório de base, Inquérito orçamental integrado do Quénia - 2005/06 (edição revista). Ministério do Planeamento e do Desenvolvimento Nacional.* Nairobi, Quénia.

Kibichii, S., Shivoga, W. A., Muchiri, M., & Miller, S. N. (2007). Conjuntos de macroinvertebrados ao longo de um gradiente de utilização do solo na bacia hidrográfica superior do rio Njoro do Lago

Bacia de drenagem de Nakuru, Quénia. Lakes and Reservoirs. *Research and Management, 12*, 107-117.

Krammer, K. & Lange-Bertalot, H. (2000). Bacillariophyceae 4. Teil: Achnanthaceae. Kritische Erga"nzungenzu Navicula (Lineolatae) und Gomphonema. Gesamtliteraturverzeichnis Teil 1-4. In Ettl, H., G. Ga "rtner, J. Gerloff, H. Heynig & D. Mollenhauer (eds), Su"βwasserflora vonMitteleuropa. Gustav Fischer Verlag, Stuttgart: 1-437.

Lavoie, I., & Campeau, S. (2010). Fishing for diatoms: fish gut analysis reveals water quality changes over a 75-year period. *Jornal de Paleolimnologia, 43*, 121-130.

Ludwig, T., Lung aιya, H., Ndιrιtu, G., & Beyene, A. (2012). Diatomáceas epιthιlιc como indicadores em rios tropicais africanos, Captação do Lago Vitória. *Hydrobiologia, 659*, 343-360.

Lung'ayia, H. B. O., M'harzi, A. Tackx, M. Gichuki, J. & Symoens, J. J. (2000). Estrutura e ambiente da comunidade fitoplanctónica nas águas quenianas do Lago Vitória. *Freshwater Biology, 43*, 529-543.

MacKay, S. J., James, C. S. & Arthington, A. H. (2010). Macrófitas como indicadores do estado dos cursos de água na região dos trópicos húmidos, Norte de Queensland, Austrália. *Indicadores Ecológicos, 10*, 330-340.

Maitland, P. S. & Morgan, N. C. (1997). *Gestão da conservação de habitats de água doce: Lakes, rivers and wetlands.* Chapman & Hall. Londres. Weinhein. Nova Iorque. Tóquio. Melbourne. Madras.

Masese, F. O., Muchm, M. & Raburu P. O. (2009). Conjuntos de macroinvertebrados como indicadores biológicos da qualidade da água no rio Moiben, Quénia. *Afr. Journ. Aquat.* Sc. No prelo.

Mathoko, J. M. (2001). Disturbance of a Kenya Rift Valley stream by daily activities of local people and their livestock. *Hydrobiologia, 458*, 131-139.

Avaliação Ecossistémica do Milénio (MA). (2005). *Os Ecossistemas e o Bem-Estar Humano: Relatório de Síntese sobre Zonas Húmidas e Água.* Jose Sarukhan, Anne Whyte e MA Board ofReview Editors. eds. Instituto de Recursos Mundiais: Washington DC.

Ndiritu, G., Gichuki, N. & Triest, L. (2006). Distribuição de diatomáceas epilíticas em resposta às condições ambientais num riacho tropical urbano, Quénia Central. *Biodiversity & Conservation 15*, 3267-3293.

Nixon, S. C., Mainstone, C. P., Moth I., T., Krietensen, P., Jeppesen, E, Friberg, N., Papathanassiou, E., Jensen, A. & Pedersen, F. (2006). *Monitorização e classificação harmonizadas da qualidade ecológica das águas de superfície na União Europeia.* Relatório final. Comissão Europeia, Direção-Geral XI e WRc, Medmenhan, 293 p.

Norris, R. H. & Norris K. R. (2005). A necessidade de avaliação da qualidade da água: Australian Persepectivei. *Australian Journal of Ecology, 20*, 1 - 6.

Ntiba, M. J., Kudoja, W. M. & Mukasa, C. T. (2001). Questões de gestão na bacia hidrográfica do Lago Vitória. Lakes Reserve. *Res. Manage, 6*, 211-216.

Paerl, H. W., Valdes, L. M. Piehler, M. F. & Stow. C. A. (2006). Avaliação dos efeitos da gestão de nutrientes num estuário sujeito a alterações climáticas: O estuário do rio Neuse, Carolina do Norte. *Journal of Environmental Management 37*, 422-436.

Palmer, M. A., Ambrose, R & Poff, N. L. (2004), Ecological theory and community restoration ecology, *J. Restor. Ecol., 5,* 291-300.

Pinckney, J. L., Paerl, H. W. & Harrington, M. B. (1999). Respostas da taxa de crescimento da comunidade fitoplanctónica aos impulsos de nutrientes em ambientes estuarinos variáveis. *Journal of Phycology, 35,* 1455-1463.

Potapova, M. & Charles, D. F. (2003). Escolha do substrato na avaliação da qualidade da água com base em algas. *Journal of the North American Benthological Society, 24,* 415-427.

República Popular da China (RPC) (2004). *O rio Chang Jiang.* Gabinete Geral do Ministério dos Recursos Hídricos.

Pu, Qinghong (2003). Estratégias integradas para o controlo da poluição industrial da água no rio Yangtze da China. *Apresentação na Conferência Internacional de GIS e Deteção Remota em Hidrologia, Recursos Hídricos e Ambiente, China. 16 de setembro de 2003. Camberra, Austrália. Centro de Estudos de Recursos e Ambiente, Universidade Nacional Australiana.*

Raburu, P. O., Masese, F. O., & Mulanda, C.A. (2009). Índice de Integridade Biótica de Macroinvertebrados (M-IBI) para a monitorização de rios na bacia superior da bacia do Lago Vitória, Quénia. *Aquat Ecos. Health Manage, 12* (2), 1-9.

Ranasinghe, A. *(2003'). Measuring Benthic Invertebrate Community Condition in California Bays and Estuaries (Medição do estado da comunidade de invertebrados bentónicos nas baías e estuários da Califórnia*). Grupo de trabalho do Departamento de Indicadores Bentónicos. Equipa científica SQO da Califórnia. Recomendação do USAR, Genebra.

Round, F. E., Crawford, R. M. & Mann, D. G. (2000). *As diatomáceas. Biology and morphology of the genera.* Cambridge University Press, Cambridge. 747 pp.

Rott, E. (2003). Alguns resultados de intercalibrações de contagens de fitoplâncton. *Schweizerische Zeitschrift Hydrologie, 43,* 34-62.

Skelton P. H. (2001). *A complete guide to the freshwater fishes of Southern Africa 2nd edition.* StruikPublishers, Cidade do Cabo: pp.395.

Smol, J. P. (2008). *Poluição de lagos e rios: A Paleoenvironmental Perspective.* 2nd edition. Blackwell Publishing, Oxford.

Smol, J. P. & Douglas, M.S.V. (2007). From controversy to consensus: making the case for recent climate change in the Arctic using lake sediments. Front. Ecology. *Ambiente, 5,* 466-474.

Steffen, W., Crutzen, P. J., & McNeill, J. R. (2007). O Antropoceno: os seres humanos estão agora a dominar as grandes forças da natureza? *Ambio, 36* (8), 614-621.

Stoddard, J. L., Larsen, D. P., Hawkins, C. P., Johnson R. K., e Norris, R. H. (2006). Definição de expectativas para o estado ecológico dos cursos de água: o conceito de estado de referência. *Ecological Applications, 16*(4), 1267-1276.

Taylor, J. C. (2004). *A aplicação de índices de poluição baseados em diatomáceas na bacia hidrográfica de Vaal.* Tese de Mestrado não publicada, Universidade do Noroeste, Campus de Potchefstroom, Potchefstroom.

ter Braak, C. J. F. & Smilauer, P. (1998). *CANOCO Reference Manual and Users Guide to Canoco for Windows. Software para a Ordenação Canónica da Comunidade (Versão 4.5).* MicrocomputerPower, Ithaca, NY: 1-352.

Torrisi, M., Scuri, S., Dell, A., & Cocchioni, M. (2010). Monitorização comparativa por meio de diatomáceas, macroinvertebrados e parâmetros químicos de um curso de água dos Apeninos da Itália central: O rio Tenna. *Indicadores Ecológicos, 10*, 910-913. . . ________

ONU-Habitat. (2008). *The State of The World s Cities 2008/2009.* ONU Habitat, Nairobi.

Programa das Nações Unidas para o Ambiente (PNUA). (2002). *Global Environment Outlook 3: Past, Present and Future Perspectives.* Earthscan, Londres.

PNUA. (2006). *Perspectivas ambientais em África.* REINO UNIDO: Earthscan Ltd.

Van Dam, H. & Mertens, A. (2005). Long-term changes of diatoms and chemistry in headwater streams polluted by atmospheric headwater streams polluted by atmospheric deposition of sulphur and nitrogen compounds. *Freshwater Biology, 34*, 579-600.

Verschuren, D., Johnson, T. C., Kling, H. J., Edgington, D. N., Leavitt, P. R., Brown, E. T., Talbot, M. R. & Hecky, R. E. (2002). History and timing of human impact on Lake Victoria, East Africa (História e momento do impacto humano no Lago Vitória, África Oriental). *Actas da Sociedade Real de Londres, 269*, 289-294.

Vyverman, W., (1991) . Diatomáceas da Papua-Nova Guiné. *BibliothecaDiatomatologica, 22*, 1-223.

Walsh, G., & Wepener, V. (2009). A influência do uso do solo na qualidade da água e nas estruturas da comunidade de diatomáceas em rios urbanos e com stress agrícola. *Water SA, 35* (5), 579-594.

Wetzel, R. G. (2001). *Limnologia: Lake and River Ecosystems.* 3rd edition. Academic press, SanDiego. 1006p.

Woodiwiss, F.S. (2004). *Relatório do estudo cooperativo dos métodos de avaliação biológica da qualidade da água.* Comissão dos Comités Europeus. Seven Trent River Water Authority, Reino Unido. 45 pp.

Wong, K. T. M., Lee, J. H. W. & Harrison. P. J. (2009). Previsão de mapas de risco ambiental de proliferação de algas costeiras. *Harmful Algae, 8*, 407-420.

Instituto de Recursos Mundiais. (2003). *CD Bacias Hidrográficas do Mundo.* União Mundial para a Natureza (IUCN), Instituto Internacional de Gestão da Água (IWMI), Gabinete da Convenção de Ramsar e Instituto de Recursos Mundiais (WRI): Washington, DC.

Wright, J. F., Furse, M. T., e Armitage, P. D. (2003). RIVPACS: A technique for evaluating for the biological quality of rivers in the UK (Uma técnica de avaliação da qualidade biológica dos rios no Reino Unido). *Controlo Europeu da Poluição da Água, 3* (4), 15-24.

WWF. (2004). *Dam Right: Rivers at Risk.* Iniciativa Barragens do WWF. WWF Internacional: Gland, Suíça.

Zugic-Drakulic, N. (2006). *Utilização de algas diatomáceas como indicadores biológicos para avaliar e monitorizar a qualidade da água dos rios da área da Grande Toronto, Canadá.* Tese (Ph.D.), Universidade de Toronto.

APÊNDICES

Apêndice 1 Variações temporais dos valores de temperatura (°C) nos locais de amostragem ao longo do rio Kisat estudados entre março e agosto de 2°14.

Month	C1	C2	C3	C4	C5
M	22.1	22.6	22.2	22.4	24
A	23.3	24.1	24.2	25.6	23.8
M	26.5	26.3	25.4	24	25.2
J	26.7	24.7	27.5	27.3	26.5
J	25.5	25	24.9	24.6	24.1
A	26.3	25.8	25.5	24.8	24.2
Mean	25.07	24.75	24.95	24.78	24.63

Apêndice 2 Variações temporais dos valores de condutividade (μs cm^{-1}) nos locais de amostragem ao longo do rio Kisat estudados entre março e agosto de 2°14.

Month	C1	C2	C3	C4	C5
M	318.5	877	835	487	420
A	354	710	697	684	657
M	408.7	953.2	871.3	774.4	715.3
J	438.7	861.6	796.2	745.4	748.9
J	407.9	808.9	805.3	748.1	697
A	416.7	827.2	773.9	758.3	718.4
Mean	390.75	839.65	796.45	699.53	659.43

Apêndice 3 Variações temporais dos valores de pH nos locais de amostragem ao longo do rio Kisat estudados entre março e agosto de 2°14.

Month	C1	C2	C3	C4	C5
M	7.42	6.98	7.12	7.03	6.88
A	7.63	7.1	7.04	7.08	7.38
M	7.5	6.9	7.3	7.4	7.6
J	6.8	6.7	6.76	7.13	7.26
J	8	7.9	8.3	8.6	8.6
A	7.6	6.9	7.4	7.7	7.9
Mean	7.49	7.08	7.32	7.49	7.60

Apêndice 4 Variações temporais dos valores de oxigénio dissolvido (mg/l) nos locais de amostragem ao longo do rio Kisat estudados entre março e agosto de 2014.

Month	C1	C2	C3	C4	C5
M	4.57	3.84	3.12	3.33	3.01
A	4.76	4.14	4.03	3.98	3.52
M	7.18	4.76	4.88	4.14	3.77
J	6.39	3.02	3.5	2.71	3
J	6.49	3.95	2.51	3.64	3.19
A	6.13	4.97	4.75	4.34	4
Mean	5.92	4.11	3.80	3.69	3.42

Apêndice 5 Variações temporais dos valores de caudal (m/s) nos locais de amostragem ao longo do rio Kisat estudados entre março e agosto de 2014.

Month	C1	C2	C3	C4	C5
M	0.23	0.19	0.07	0.46	0
A	0.34	0.39	0.06	0.57	0
M	0.055	0.047	0.031	0.56	0
J	0.06	0.09	0.12	0.25	0
J	0.04	0.09	0.08	0.27	0
A	0.032	0.04	0.04	0.11	0
Mean	0.13	0.14	0.07	0.37	0

Apêndice 6 Variações temporais dos valores de turbidez (NTU) nos locais de amostragem ao longo do rio Kisat estudados entre março e agosto de 2014.

Month	C1	C2	C3	C4	C5
M	23	30.6	33.3	79.8	164
A	52	144.6	188.6	83.4	108
M	24.4	127	129	116	195
J	20.7	105	99	103	72.2
J	30.7	67	75.5	52.9	97.5
A	43.4	112.5	124.7	92.9	101.2
Mean	32.37	97.78	108.35	88	122.98

Apêndice 7 Variações temporais dos valores de alcalinidade ($mg/l\ _{CaCO_3}$) nos locais de amostragem ao longo do rio Kisat estudados entre março e agosto de 2014.

Month	C1	C2	C3	C4	C5
M	118	133	176	86	60
A	143	174	193	186	190
M	150	180	206	202	98
J	114	202	226	206	214
J	108	190	198	172	182
A	113	181	199	186	156
Mean	124.33	176.67	199.67	173	150

Apêndice 8 Variações temporais dos valores de TN ($\mu g\ l^{-1}$) nos locais de amostragem ao longo do rio Kisat estudados entre março e agosto de 2014.

Month	C1	C2	C3	C4	C5
M	107.45	145.66	294.82	193.37	331.1
A	267.08	141.08	422.52	338.08	667
M	401.26	899.68	937.58	697.58	916.26
J	549.16	561.79	716.53	696.53	833.37
J	546.26	1155.74	978.89	1143.16	1214.68
A	533.41	874.32	974.86	994.11	1184.85
Mean	400.77	629.712	720.87	677.14	857.88

Apêndice 9 Variações temporais dos valores de TP ($\mu g\ l^{-1}$) nos locais de amostragem ao longo do rio Kisat estudados entre março e agosto de 2014.

Month	C1	C2	C3	C4	C5
M	425.71	879.33	1382.86	1125.71	711.43
A	382.57	349.71	694	1288.29	1382.57
M	493.86	693.86	696.71	1206.71	981.00
J	725.43	584	1391.14	1134	1271.14
J	351.14	832.57	986.86	1371.14	1591.14
A	574.32	681.47	1011.89	1238.41	1127.31
Mean	492.17	670.16	1027.24	1227.38	1177.43

Apêndice 10 Variações temporais dos valores de Silicato (mg l^{-1}) nos locais de amostragem ao longo do rio Kisat estudados entre março e agosto de 2014.

Month	C1	C2	C3	C4	C5
M	2.2	2.76	3.17	2.86	3.26
A	5.39	5.06	6.3	5.73	5.55
M	5.54	4.04	5.04	5.51	3.79
J	3.99	4.21	4.36	3.58	3.55
J	3.36	3.78	2.86	2.50	2.65
A	4.21	4.97	5.01	4.12	3.99
Mean	4.12	4.14	4.46	4.05	3.80

Apêndice 11 Variações temporais dos valores de clorofila *a* (mg l^{-1}) nos locais de amostragem ao longo do rio Kisat estudados entre março e agosto de 2014.

Month	C1	C2	C3	C4	C5
M	80.56	64.76	106.44	116.61	142.13
A	83.37	80.21	93.37	129.42	193.11
M	77.4	120.8	66.7	100.88	164.92
J	93.92	123.88	135.7	115.4	230.58
J	114.33	112.08	124.30	136.84	263.74
A	125.32	133.43	157.34	144.11	284.33
Mean	95.82	105.86	113.98	123.88	213.14

Apêndice 12 Variações temporais nos valores de diversidade de espécies nos locais de amostragem ao longo do rio Kisat estudados entre março e agosto de 2014.

Month	C1	C2	C3	C4	C5
M	0.59	0.56	0.73	0.79	0.58
A	1.14	0.67	0.88	0.95	1.04
M	0.93	0.75	0.77	0.28	0.76
J	0.81	0.76	0.86	0.66	0.51
J	0.52	0.57	0.29	0.72	0.67
A	0.59	0.39	1.32	0.64	0.80
Mean	0.76	0.62	0.81	0.64	0.73

Apêndice 13 Variações temporais nos valores de riqueza de espécies nos locais de amostragem ao longo do rio Kisat estudados entre março e agosto de 2014.

Month	C1	C2	C3	C4	C5
M	5	7	7	9	6
A	22	5	10	13	12
M	10	8	10	5	8
J	7	7	10	5	4
J	6	7	2	7	8
A	5	6	7	6	8
Mean	9	7	8	8	8

Apêndice 14 Variações temporais nos valores de equidade das espécies nos locais de amostragem ao longo do rio Kisat estudados entre março e agosto de 2014.

Month	C1	C2	C3	C4	C5
M	0.85	0.67	0.87	0.82	0.75
A	0.85	0.95	0.88	0.85	0.97
M	0.93	0.83	0.77	0.40	0.84
J	0.96	0.90	0.86	0.94	0.84
J	0.67	0.67	0.95	0.85	0.74
A	0.85	0.50	0.77	0.82	0.89
Mean	0.85	0.75	0.85	0.78	0.84

Apêndice 15 Correlações CCA entre espécies e parâmetros ambientais

Species	DO	Cond	Temp	pH	F/Rate	Tur	Alk	TN	TP	Si	Chl a
Amphora ovaris	0.53	0.53	0.52	0.32	-0.4	0.34	0.84	0.88	-0.09	0.45	-0.24
Amphora sp	0.51	-0.03	0.22	0.95	-0.56	-0.2	-0.14	0.23	-0.36	-0.15	0.27
Aulacoseira ambigua	0.21	0.48	-0.03	0.68	0.04	0.05	0.82	0.35	0.29	0.2	0.39
Aulacoseira nyasensis	-0.12	-0.25	0.01	-0.39	-0.43	0.44	-0.21	-0.19	-0.35	-0.31	0.21
Aulacoseira schroidera	-0.65	0.94	-0.12	-0.72	0.16	-0.19	-0.05	-0.57	-0.31	-0.94	-0.78
Cyclotella ocellata	-0.55	-0.16	-0.27	-0.7	-0.89	0.38	-0.16	-0.38	-0.41	-0.64	0.24
Cyclotella kutzinghiana	-0.15	0.58	-0.16	0.66	-0.02	-0.12	0.53	0.21	0.26	-0.43	-0.32
Cymbella cistula	0.71	0.03	0.6	0.42	-0.47	-0.3	0.33	0.09	-0.53	0.34	-0.39
Cymbella sp	0.68	0.19	0.41	-0.34	0.51	0.26	0.59	-0.26	-0.41	0.78	-0.6
Diatoma elongatum	0.54	-0.21	0.26	-0.31	-0.61	0.74	0.16	-0.05	-0.7	0.13	-0.35
Diatoma hiemiale	0.21	0.62	0.06	-0.41	0.01	0.11	-0.51	-0.24	-0.7	0.6	-0.68
Fragillaria aethiopica	0.01	-0.40	-0.55	0.19	0.13	0.36	0.17	0.22	0.12	0.9	0.26
Gomphocymbella beccari	-0.67	-0.38	-0.28	-0.94	-0.89	0.54	-0.37	-0.57	-0.46	-0.74	0.29
Navicula sp	0.54	-0.20	0.34	0.1	-0.31	-0.52	-0.41	-0.21	-0.55	-0.22	-0.29
Navicula granatum	-0.08	0.55	-0.05	-0.55	0.19	-0.12	0.06	-0.33	-0.47	0.38	-0.63
Nitzschia dessippata	-0.56	-0.64	-0.13	-0.33	0.4	-0.06	-0.52	-0.36	0.05	0.32	0.32
Nitzschia lucastris	0.93	-0.06	0.99	-0.1	-0.47	0.23	-0.35	-0.2	-0.54	0.79	-0.62
Nitzschia palea	-0.32	-0.62	-0.5	-0.17	0.96	-0.16	-0.06	-0.31	-0.07	0.06	0.19
Nitzchia recta	0.19	0.44	0.61	0.03	-0.41	0.07	-0.29	0.51	-0.09	0.19	0.03
Nitzschia sub-acicularis	-0.16	-0.26	-0.27	-0.13	0.32	-0.12	0.1	0.33	0.61	-0.17	0.11
Stephomodiscus astraca	0.28	0.46	0.03	0.04	-0.59	-0.08	0.57	0.6	-0.23	0.17	0.27
Synedra cunningtonii	-0.84	-1.05	-0.01	-0.31	0.47	-0.14	-0.25	-0.35	0.77	-0.12	0.71
Surillella ovalis	-0.07	0.41	0.1	0.65	-0.52	-0.56	-0.15	0.39	-0.06	-0.41	0.81
Synedra ulna	0.34	0.32	0.25	-0.19	0.01	-0.01	0.87	-0.36	0.23	0.86	-0.57

Apêndice 16 CCA Correlações interconjuntos de variáveis ambientais com eixos

Physico-chemical parameters	Axis 1	Axis 2
Dissolved oxygen	0.1432	-0.2243
Conductivity	-0.056	0.5483
Temperature	-0.0397	-0.1273
pH	0.2106	0.0417
Flow rate	-0.4927	0.0512
Turbidity	-0.1972	-0.4363
Alkalinity	-0.2567	0.1523
Total nitrogen	-0.1147	-0.0579
Total phosphorus	-0.4472	-0.1936
Silicates	-0.3107	-0.2086
Chlorophyll *a*	0.1132	-0.391

Apêndice 17 **Diagramas selecionados de algumas das espécies observadas ao longo do rio Kisat (Todos**

diagramas obtidos de Lange-Bertalot, 1995)

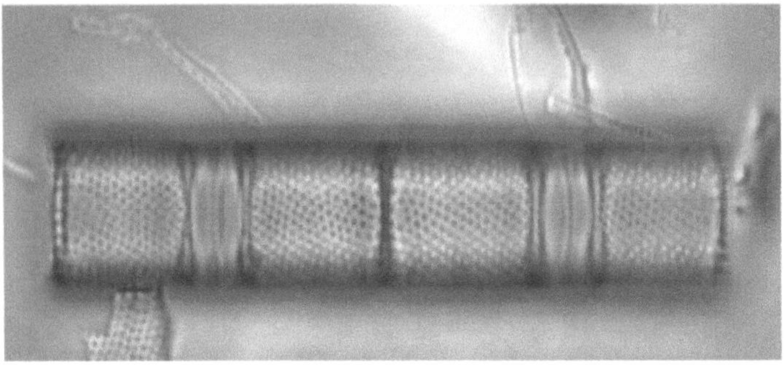

Aulacosera ambigua

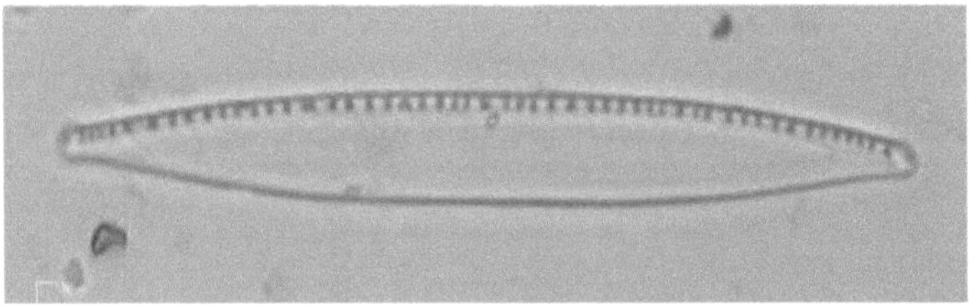

Nitzschia palea

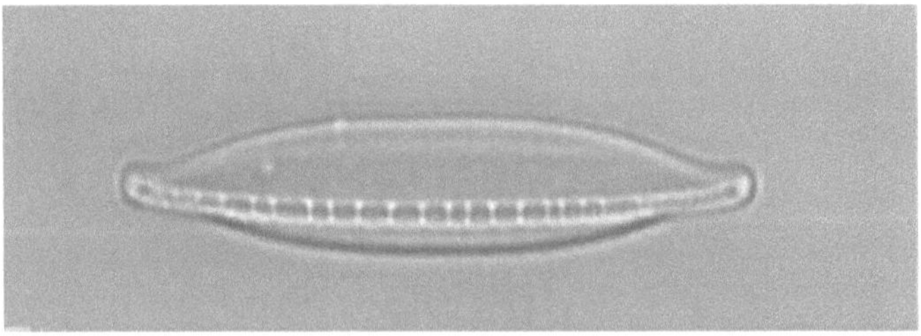

Nitzschia dissipata

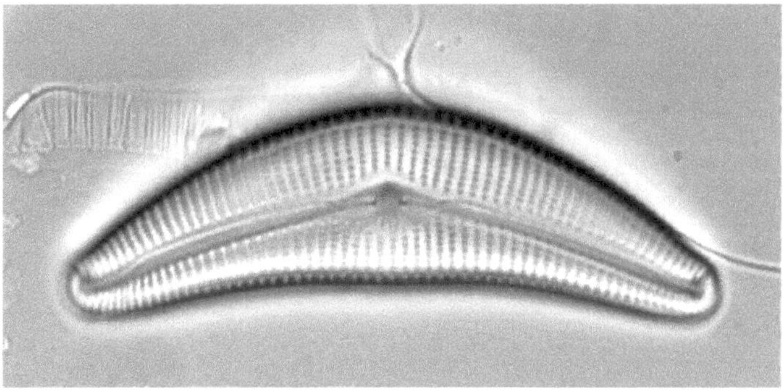

Cymbella cistula

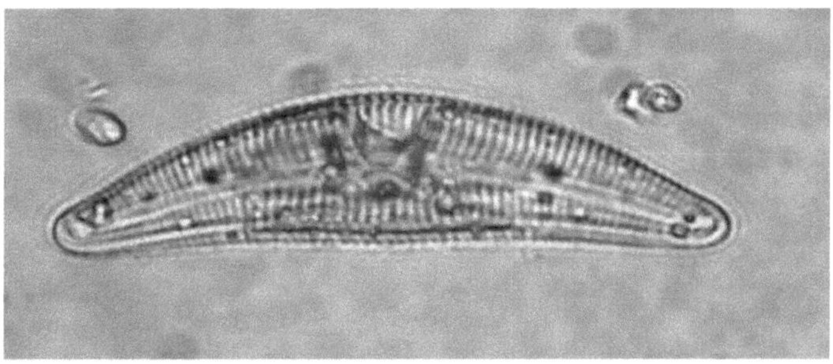

Cymbella sp

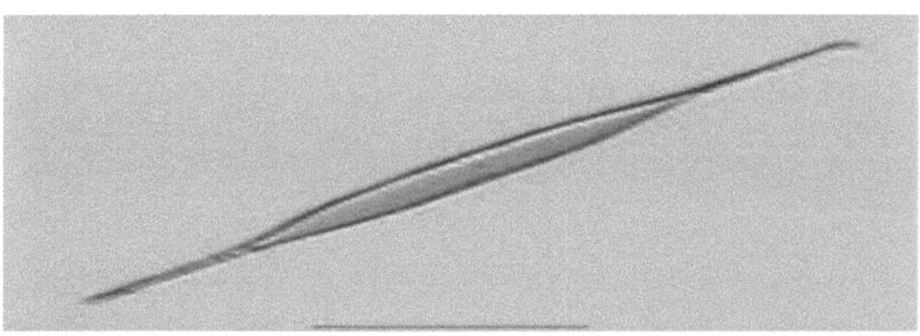

Nitzscia sub-acicularis

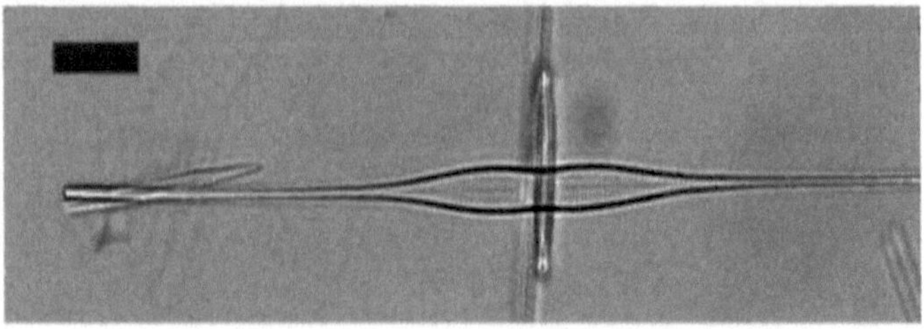

Syndera cunningtonii

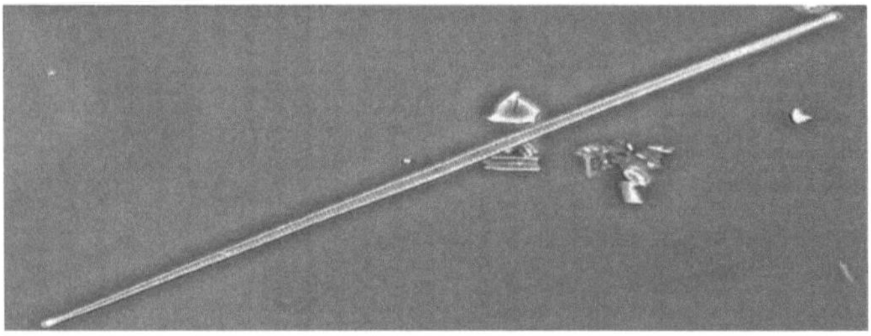

Fragillaria longissima

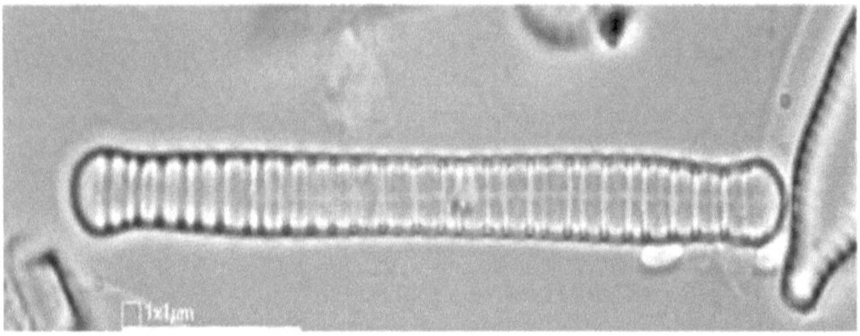

Diatoma elongatum

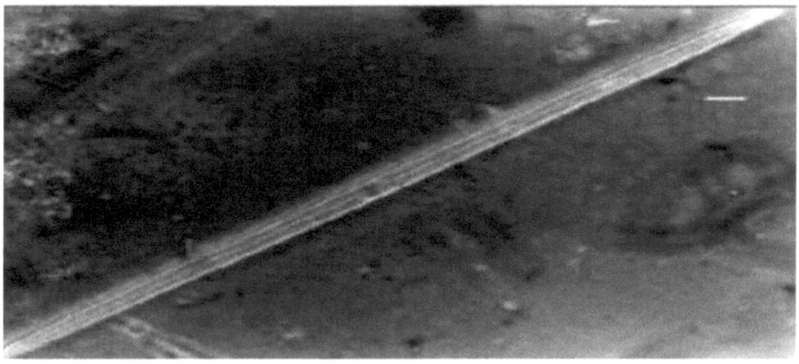

Synedra ulna

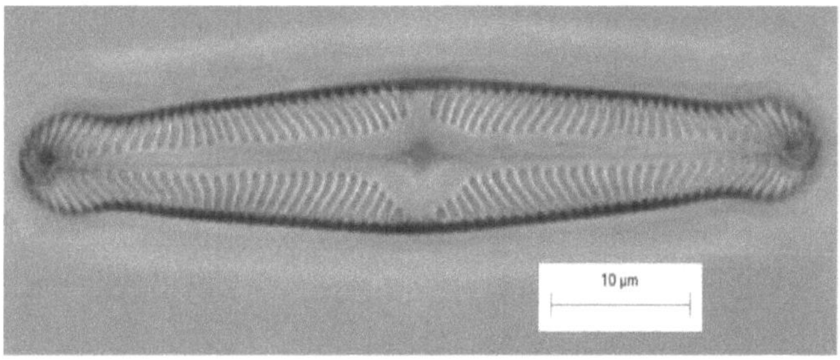

Surillella ovalis

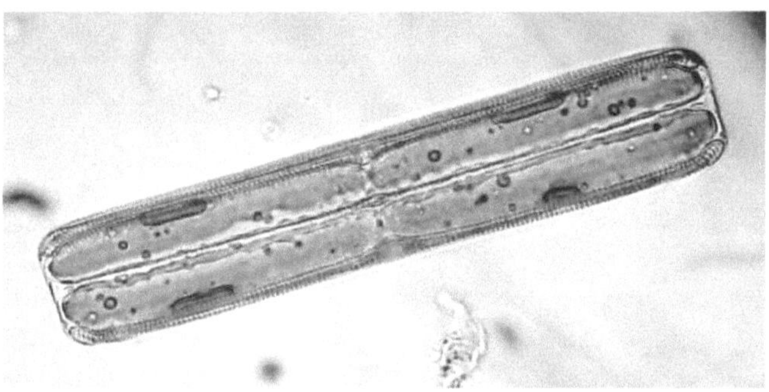

Pinnularia viridis

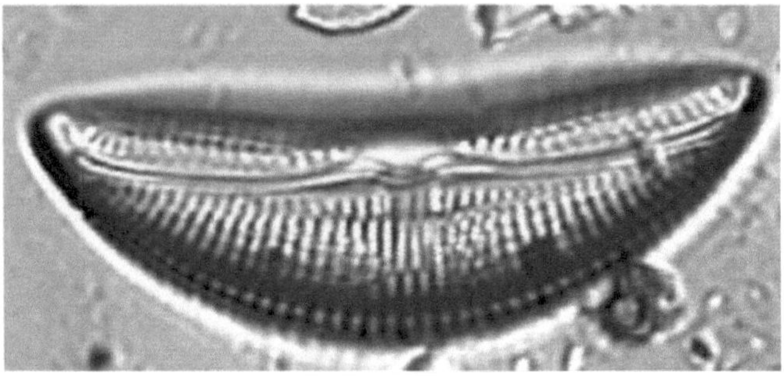

Amphora ovalis

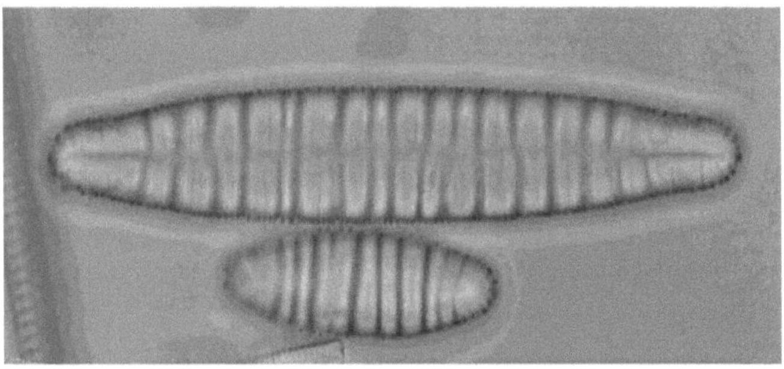

Diatoma hiemale

MIX
Papier aus verantwortungsvollen Quellen
Paper from responsible sources
FSC® C105338

Printed by Books on Demand GmbH, Norderstedt / Germany